BIANYAQI YUNXING
JISHU JIANDU JI ANLI

变压器运行
技术监督及案例

国网河南省电力公司濮阳供电公司　编

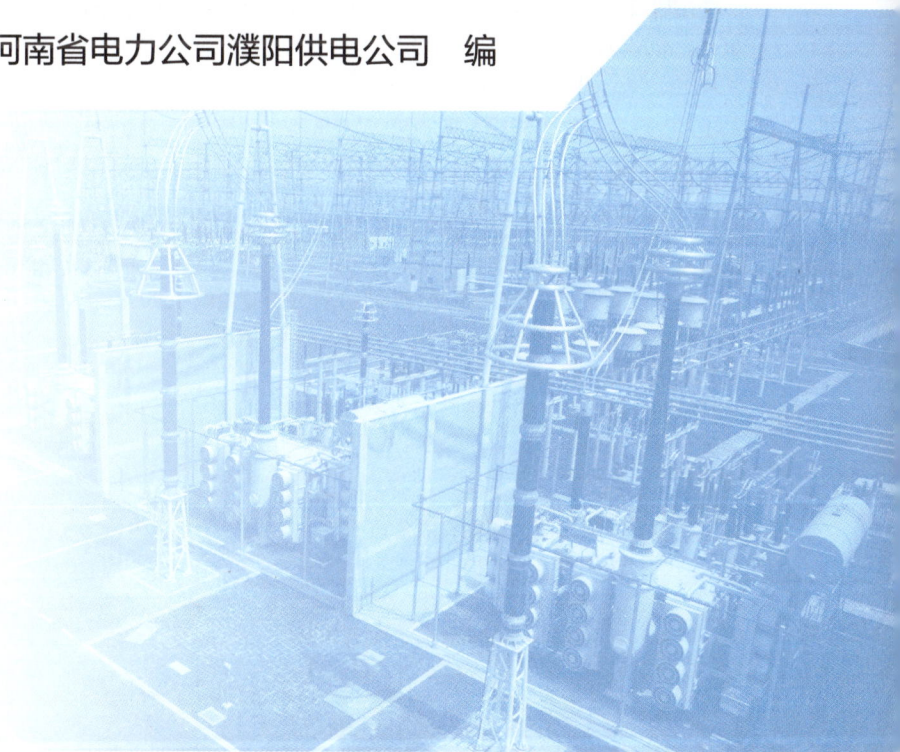

中国电力出版社
CHINA ELECTRIC POWER PRESS

内 容 提 要

本书通过变压器运行技术监督及案例分析，阐述了变压器的结构原理及基本性能。阐述了变压器间隔设备的红外诊断过程，有关"电流致热型设备""电压致热型设备"及绝缘子防污闪的红外诊断技术。介绍了变电运维专业及变电检修中心各专业对变压器及间隔设备的巡视、监控、事故处理及变压器的电气试验、油化验的试验方法；介绍了继电保护的巡视检查、定检试验、验收等技术方法；介绍了变压器的状态检修、故障抢修、精细化状态评价的工作方法。通过各专业开展全过程技术监督，从而提高变压器运行的可靠性，保障变压器设备全寿命周期的安全运行。

本书通过总结变压器运行各专业的作业方法，聚焦变压器安全运行管理与技术监督的方法探讨，进行不同角度、不同层面的技术观察和技术创新，可在相关技术区域起到示范作用，引导一线技术人员提升职业技能和工作能力。

本书可供电力系统工作的变电运行、检修、安装、试验、油务、保护专业的技术人员和运维检修部的管理人员学习使用，也可供电力院校有关专业学习参考。

图书在版编目（CIP）数据

变压器运行技术监督及案例/国网河南省电力公司濮阳供电公司编. —北京：中国电力出版社，2023.10
ISBN 978-7-5198-8041-5

Ⅰ.①变… Ⅱ.①国… Ⅲ.①电力变压器—运行 Ⅳ.①TM41

中国国家版本馆 CIP 数据核字（2023）第 147619 号

出版发行：中国电力出版社
地　　址：北京市东城区北京站西街 19 号（邮政编码 100005）
网　　址：http://www.cepp.sgcc.com.cn
责任编辑：赵　杨　闫姣姣　马雪倩
责任校对：黄　蓓　常燕昆
装帧设计：郝晓燕
责任印制：石　雷

印　　刷：三河市航远印刷有限公司
版　　次：2023 年 10 月第一版
印　　次：2023 年 10 月北京第一次印刷
开　　本：710 毫米×1000 毫米　16 开本
印　　张：13
字　　数：177 千字
印　　数：0001—1000 册
定　　价：86.00 元

《变压器运行技术监督及案例》

编 委 会

主 任：秦江坡　邱大庆
副主任：王　雷
委　员：吴　栋　杨伟民　石　军　刘　萌　鲁大勇

编 写 组

主　编：王　雷
副主编：王晓华　王　勇　焦忠杰　蔡秀忠　楚长鲲　王晓辉
　　　　史敬天　郑　伟　张　卓　兰光宇　李予全　王　伟
　　　　胡润阁
参　编：江　峰　赵少峰　林茂盛　魏笑杉　贺丽琛　杜立江
　　　　陈　鹏　高官龙　光在超　张中宽　张嵩阳　吴西博
　　　　丁伟红　何文中　闫子光　李　娟　陈曙光　张建华
　　　　袁亚松　李　洋　王　栋　胡亚飞　胡亚童　李顺博
　　　　王元峰　吴泽英　刘云龙　王　倩　盛从兵　范鹏鹏
　　　　王　乐　伊　斌　马百振　田洪斌　刘同和　李伍同
　　　　杨绍辉　郭道民
主　审：胡红光

前　　言

　　变压器作为变电站最为核心的电力设备，是电网传输通道的关键环节，其安全运行直接关系到大电网本质安全和电力可靠供应。近几年，随着变压器在中国电力系统内的装备量逐年提高，运行缺陷呈现出多样化态势，故障频次也呈现出逐年增长的趋势，逐步凸显出变压器运维检修阶段技术监督工作的重要性。从变压器的规划可研阶段、工程设计、设备制造、设备安装、竣工验收、运维检修等阶段到退役报废阶段，变电运维检修各专业的技术监督始终贯穿变压器运行的全过程。

　　变压器运行条件复杂，呈现运行数据瞬息多变、故障突发的特点。变压器常见故障多发于绕组与铁芯的局部放电和短路故障，多发于变压器套管外部的接头发热和绝缘子的污闪故障。同时还需要特别关注变压器事故状态下继电保护的正确动作率。通过变电运维、电气试验、油务化验、变电二次运检、变电检修各专业的技术监督，可以实现变压器内部及外部各类缺陷的技术性诊断，依据缺陷诊断结论进行变压器的状态检修，从而恢复变压器从异常运行到正常运行状态，满足电网供电的技术要求。

　　本书编委会结合运维检修生产管理实际，全面贯彻落实网、省公司技术监督工作要求，总结多年变压器运维管理工作经验和参考全国电力系统的典型案例，对变压器运行阶段技术监督进行了全面的探索和实践。主要内容如下：第一章综述变压器运行原理和电气特性，认识各类设备缺陷的形成机理，正确进行变压器运行操作与设备验收，支持各专业在基础知识层面和管理思路方面，有效进行变压器各项技术监督活动。第二章通过变电运维专业的巡视、监控、事故处理，展现设备巡视、设备监控等技术监督的方法，预控变压器运行风险。增强值班员对变压器间隔一、二次设备的操作能力、事故处理能力。第三章介绍变压器运行缺陷的红外诊断方法，开展电流致热型设备、电压致热型设备、绝缘子运行缺陷的红外诊断，并认真总结经验，创新绝缘子防污闪红外技术监督模式。第四章介绍电气试验专业开展变压器交接试验、预防性试验、诊断性试验、带电检测的方法，展示变压器绝缘技术监督的良好效果。第五章介绍油务化验工程师开展变压器油色谱分析方法，早期发现变压器内部潜伏性故障。第六章通过对变压器继电保护设备的巡检、定检试验、验收等技术手段，发现在设计、制造、安装、检修等环节存在的二次设备缺陷，防止继电保护装置的拒动、误动事故。第七章介绍变电检修专业的岗位职责和作业技术要点。通过开展变压器的状态检修、故障抢修、精细化状态评价的创新工作方法，提高变压器运行的可靠性。本书编写工作得到国网河南省电力公司设备部各专业同志精心指导，并提出具体的意见和建议，在此表示衷心感谢！

善于学习、善于实践、善于总结，是电力工程师应具备的良好素质。通过开展变压器技术监督活动和成果展示，促进各专业基层班站形成学习专业技术、运用专业技术的作业氛围，让技术成果惠及每台变压器安全运行的全过程。希望通过深入浅出的理论叙述，图文并茂的案例展示，起到现场作业的技术示范作用，引导各专业技术人员提升发现问题、分析问题、解决问题的能力。

由于编写时间仓促，编者水平所限，书中难免存在一些不妥之处，恳请读者批评指正。

编　者

2023.10.1

目　　录

第一章 变压器运行

变压器运行状态分为正常状态、注意状态、异常状态和严重状态。变压器运行状态的确定，需要鉴别各种状态形成的技术监督数据，需要变电运维专业和变电检修、电气试验、变电二次运检、油务化验等专业的技术支撑，也需要按照有关规程进行技术操作和运行管理。因此，技术监督是变压器运行全过程技术运作的重要环节，是防止变压器运行事故的基础工作之一。完成变压器全寿命周期的安全运行，需要按照设计标准落实电网重大反事故措施，需要根据不断出现的新问题，认真总结经验教训。变压器及间隔某个设备元件异常，都会影响变压器正常运行，给变压器安全供电造成障碍。变压器重大事故的主要预防科目如下：防止变压器出口短路、绝缘损坏、套管（穿墙套管）损坏、冷却系统损坏事故，防止变压器保护和火灾事故。特别是预防变压器间隔设备的误操作事故、火灾事故等，是技术监督应重点关注的项目，需要变电站值班员做具体而细致的技术工作。

在开展反事故工作中，相关专业人员首先应掌握变压器运行原理和电气特性，熟练操作各种状态检测的仪器和设备，掌握状态评价技术。根据警示值、注意值及状态量变化趋势，加强运行中的监视，在单项重要状态量严重超过标准限值时，适时安排停电检修。根据状态量变化进行设备状态评价，开展针对性的反事故演习。变电站值班员需要全面掌握变压器各种资料数据情况，进行变压器运行状态分析及事故预想。各专业人员应根据变压器运行状态需求，开展倒闸操作、状态检修、设备试验、设备验收，精益化管理等工作，根据变压器运行标准有针对性地开展变压器运行管理工作。

第一节 变压器运行技术要点

1. 变压器运行原理

变压器是发电厂和变电站的主要设备之一。变压器是一种按电磁感应原理工作的电气设备，以相同的频率改变电压和电流，在电网中实现电能的传输与分配。变压器可用于升高电压把电能送到远方用电地区，还可用于把电压降低为各级使用电压，以满足各级用电的需要。变压器在电力系统中的主要作用是变换电压，以利于功率的传输。电压经升压变压器升压后，可以减少线路损耗，提高送电的经济性，达到远距离送电的目的；而降压变压器则能把高电压变为用户所需要的各级使用电压，满足用户需要。

变压器一次绕组将电能转换为磁能，之后由二次绕组、三次绕组将磁能转换为电能，输送至各级母线，为各分路提供电源。变压器复杂的结构和多变的能量转换过程，使运行过程始终承受电、磁、热、力等因素的干扰，特别是需要经过各类过电压、过电流的考验。变压器的主要部件绕组、铁芯、绝缘套管的耐电强度，决定了变压器运行的安全性；变压器（感性设备）处于复杂多联的运行环境，电力系统无功功率的补偿与功率因数的提高，电力系统负载的合理调度，决定了变压器运行的经济性。变电运维检修各专业应熟悉变压器运行原理、运行方式，做好变电站值班工作，使变压器在全过程运行中处于良好工作状态；并根据变压器结构特点，进行设备巡视与状态检修，以提高变压器运行可靠性。因此，如何预防变压器的潜伏性故障，是应该研究与关注的重要课题。

2. 变压器各部件作用

变压器各部件作用的运行功能展示，可以为设备巡视及技术监督检测各部位是否达到设计效果，提供技术参考。

（1）铁芯。铁芯由磁导体（将矽钢片或硅钢片用叠片的方法制成）和夹紧装置组成，是变压器的导磁回路。铁芯的作用：①构成耦合磁通的磁路，把一次电路的电能转换为磁能，再由磁能转变为二次回路的电能，因此铁芯是电磁能量转换的媒介；②通过叠片夹紧以后成为立柱，构成变压器的骨架框架，可以套装和固定绕组，支撑引线。

（2）绕组。绕组是变压器输入和输出电能的电气回路。由表面包有绝缘的铜或铝导线绕制而成，并套装在变压器的铁芯柱上。绕组分一次（电源输入）和二次绕组（输出），根据电磁感应原理，一次绕组输入的能量通过铁芯传递到二次绕组。通过改变一、二次绕组的匝数比，来改变输出电压值，以满足用电单位的需要。绕组应具有足够的绝缘强度、机械强度、耐热能力，这些性能指标是变压器技术监督的要点。

（3）分接开关。连接以及切换变压器分接抽头的装置叫分接开关。为了使电网供电用户的电压在一个规定范围内，一旦电网供应电压的高低波动超过这范围时，可由变压器分接开关进行电压调整。

（4）油箱。油箱是油浸式变压器的外壳，变压器铁芯和绕组置于油箱内。油箱内注满变压器油，变压器油的作用是起绝缘和冷却作用。油箱还可以作为外部组件的支架。油箱采用高强度钢板焊接而成，油箱内部采用磁屏蔽措施，以减少漏磁和杂散损耗。

（5）储油柜。储油柜是变压器存储、补充、保护的部件，安装在变压器顶部，与变压器油箱相连。当油箱的油随运行温度升高体积膨胀时，多余的油通过联管达到储油柜，这样储油柜就完成了储存变压器油的作用。储油柜上部装有油位计，用来指示储油柜的油面。储油柜里内部结构主要采用胶囊式、波纹式，作用是使变压器油和空气隔绝，以减少油的氧化和受潮。

（6）呼吸器（硅胶）。呼吸器是变压器在温度变化时内部气体出入的通道，缓解变压器运行中因温度变化产生对油箱的压力。呼吸器的作用是在变压器温度下降时，去除吸入气体的潮气。

（7）防爆管（压力释放）。防爆管是变压器的安全装置的气道。当变压器产生短路故障时，电弧或过电流产生的热量使变压器油发生分解，产生大量高压气体，使油箱承受巨大压力，严重时可使油箱变形或破裂。防爆管可以排出故障气体和喷发的油，以减轻变压器油箱内部承受的压力。压力释放器以弹簧阀反映变压器内部压力，当压力达到一定值时，弹簧阀门打开释放压力，同时发出报警或跳闸信号。

（8）冷却系统及散热器。变压器运行中，由于铜损和铁损的存在而发热，它的温升直接影响变压器绝缘材料的寿命和负载能力，为了有效降低温升，提高输出力，变压器运行时必须进行冷却。当变压器的铁芯和绕组中的损耗转化为热量，热量以辐射、传导方式扩散出去。变压器顶层油温最高。当上层油温与下部油温产生温差时，通过冷却器形成油的对流，起到降低变压器油温的作用。变压器冷却方式主要有油浸式自然空气冷却方式、油浸风冷方式和强迫油循环风冷方式等。

（9）绝缘套管。变压器绝缘套管由导电部分（导电杆和穿缆）和绝缘部分

（外绝缘、内绝缘）组成。外绝缘有瓷套管和硅橡胶套管两种，套管内部绝缘为变压器油。电容式套管利用电容分压原理来调整电场，使径向和轴向电场分布趋于均匀，从而提高绝缘的击穿电压。

（10）气体（瓦斯）继电器。当变压器内部故障时，产生气体聚焦在气体继电器内部，使油面下降，浮筒下沉，水银接点接通发出轻瓦斯信号；当内部发生严重故障时，油流冲击挡板，两水银接点同时接通，发出断路器跳闸指令。

第二节　变压器运行技术管理

变压器在额定电气指标下运行，才能保证变压器运行效率及运行特性要求。根据变压器运行状态特点，开展变压器运行与技术管理，这是保证变压器运行安全的重要措施。

一、变压器运行管理

变压器运行状态分为：变压器正常运行状态，变压器异常运行状态和变压器事故状态。变压器正常运行状态是变电站值班员应掌握的技术数据和重要管理因素。根据变压器运行状态的特点，开展变压器运行管理和技术监督。变压器运行管理其中包含变电运维、变电检修、电气试验、变电二次运检、油务化验等专业的技术监督工作绩效。

1. 变压器正常运行状态

变压器正常运行状态的参数的变化范围，是变电站值班员应掌握的技术数据和重要管理因素。变压器正常运行状态各项数据如下：

（1）变压器在运行中绝缘所承受的温度越高，绝缘的老化也就越快，所以必须规定绝缘的允许温度，变压器才具有正常的使用寿命。

（2）上层油温的规定允许值应遵循制造厂的规定，对自然油循环自冷、风冷的变压器最高不得超过 95℃，为防止变压器油劣化过速，上层油温不宜经常超过 85℃；对强油导向风冷式变压器最高不得超过 80℃，对强迫油循环水冷变压器最高不得超过 75℃。

（3）上层油温与冷却空气的温度差（温升），对自然油循环自冷、风冷的变压器规定为55℃，而对强油循环风冷变压器规定为40℃。

（4）一般线圈温度规定线圈最热点温度不得超过105℃，但如在此温度下长期运行，则变压器使用年限将大为缩短，所以此规定仅限于当冷却空气温度达到最大允许值且变压器满载的情况。

（5）规程规定变压器电源电压变动范围应在其所接分接头额定电压的±5%范围内，此时额定容量也保持不变，即当电压升高（降低）5%时，额定电流应降低（升高）5%。变压器电源电压最高不得超过额定电压的10%。

2. 变压器异常运行状态

变压器异常运行状态参数的变化现象，是变电站值班员在值班期间必须时刻关注的技术数据。变压器运行中异常状态如下：

（1）严重漏油。

（2）油位过低或过高。

（3）储油柜、套管上看不到油位。

（4）变压器油碳化。

（5）绝缘油定期色谱分析试验有乙炔或氢气，总烃超标且不断趋于严重。

（6）变压器内部有异常声音。

（7）有载调压分接开关调压不正常滑挡，无载分接开关直流电阻数值异常。

（8）变压器套管有裂纹或较严重破损，有对地放电声，接线桩头接触不良有过热现象。

（9）气体继电器轻瓦斯连续动作，且间隔趋短，气体继电器内气体不断集聚。

（10）在同样环境温度和负荷下，变压器温度不正常，且不断上升。

（11）冷却系统运行不正常。

3. 变压器运行事故状态

突然短路对变压器的危害极大：受到强大电磁力的作用可使线圈变形，可使线圈严重过热，甚至可能烧毁。变压器事故运行状态的参数的变化现象，是变电站值班员必须时刻关注的紧急状态问题。变压器出现下列缺陷应立即停电处理：

（1）变压器内部接触不良，会产生"吱吱"声或"劈啪"的放电声。

（2）变压器内部个别零件松动时，会使变压器内部有声响。

（3）发生铁磁谐振时，会使变压器内部生产"嗡嗡"声和尖锐的"哼哼"声。

（4）变压器响声明显增大、很不正常或不均匀，内部有爆裂声。

（5）本体或套管严重漏油或喷油，致使油面下降，低于油位指示计的指示限度。

（6）套管有严重的破损和放电现象。

（7）有载调压开关操作，限位及指示装置失灵。

二、变压器技术管理

变压器必须根据铭牌所规定的技术规范运行，这是防止绝缘油劣化，保证绝缘强度的基本措施，这是保证变压器全过程安全运行的基本要求。变压器运行技术管理，主要包括变压器运行标准（应遵循的原则）和变压器运行常见缺陷（应克服的短板）两个方面。

1. 变压器运行标准

变压器运行标准主要内容如下：

（1）变压器的运行电压标准：变压器运行电压不应高于分接头额定电压的105％。

（2）变压器的运行油温标准：自然循环冷却、风冷，最高上层油温95℃（冷却介质最高温度40℃）；强迫油循环风冷，最高上层油温85℃（冷却介质最高温度40℃）。变压器正常运行时，上层油温不超过85℃，如果超过该范围，应投入备用冷却器或转移负荷。

（3）当变压器有严重缺陷时（冷却系统异常、局部过热、严重漏油）或绝缘有弱点时，不宜超过额定电流运行。

（4）长期急救周期性负荷（长时间在环境温度较高、超过额定电流下运行）的运行时，应尽量减少这样的运行方式，降低额定电流的倍数，缩短额定电流的运行时间，投入备用冷却器；应有运行电流记录，并计算平均相对老化率。

（5）短期急救周期性负荷的运行，变压器大幅度超过额定电流运行，可能使绕组热点温度达到危险的程度，使绝缘强度暂时下降。除采取降温措施和限制负载措施外，应记录运行电流，监视变压器运行温度及发展趋势，减少该状态下的运行时间（0.5h）。

（6）变压器并列运行条件。变压器并列运行可以保证变压器的供电可靠性和总效率。并列运行的变压器绕组连接组别相同、电压比相同、阻抗电压相同、容量比不大于 3。

（7）冷却器全部失去运行电源时，在额定负荷下，允许时间为 20min；若上层油温未达到 75℃，允许时间不得超过 1h。运行人员应随时监督温度的变化，随时汇报调度，尽快恢复冷却器运行。

（8）中压侧开路运行时，应将开路运行线圈的中性点接地。任一侧开路运行时，应投入出口避雷器、中性点避雷器或中性点接地。

（9）运行中的变压器遇有下列工作或情况时，由值班人员向调度申请，将气体保护由跳闸位置改投信号位置：①带电滤油或加油；②变压器油路处理缺陷及更换潜油泵；③为查找油面异常升高时必须打开放气阀；④气体继电器进行检查试验及继电保护回路上进行工作，或该回路有直流接地故障。

（10）变压器在受到近区短路冲击后，宜做低电压短路阻抗测试或用频响法测试绕组变形，并与原始记录比较，判断变压器无故障后方可投运。

（11）变压器储油柜油位、套管油位低于下限位置或见不到油位时，应记录缺陷，汇报调度。

（12）消除影响变压器运行的各种环境障碍，重视变压器外部的导电部位绝缘化处理，采取防止小动物危害的安全防护措施。

（13）变压器的绝缘强度用雷电冲击电压来描述。由于单相或多相雷电过电压冲击波的入侵，由于电力系统操作过电压和不对称故障产生的过电压，变压器的中性点绝缘会承受过电压。变压器中性点应安装保护装置，限制雷电过电压和操作过电压。全绝缘变压器中性点可采用不高于相—地避雷器水平来进行保护。

（14）变压器中性点应有两根与地网主网格的不同边连接的接地引下线，并且每根接地引下线均应符合热稳定校核的要求。变压器及间隔设备架构等应有两根与主地网不同干线连接的接地引下线，并且每根接地引下线均应符合热稳定校核的要求。连接引线应便于定期进行检查测试。

2. 变压器运行常见缺陷

应能够及时发现变压器运行缺陷（包括家族缺陷），对设备缺陷和异常现象进行分析，认定属于设计、材质、工艺、安装质量等原因，并采取相关补救措施。现场应依据设备缺陷率、缺陷危险指数，进行状态评估，并通过状态检修消除设备缺陷存在的事故隐患；特别是消除新设备、涉及主体或关键部件、危险性高的缺陷。这是保证变压器安全运行的有效措施，也是技术监督的效率所在。根据总结现场运行经验数据，变压器常见缺陷如下：

（1）变压器运行中缺油：

变压器的油位在正常情况下随着油温的变化而变化，因为油温的变化直接影响变压器油的体积，使油位上升或下降。而影响油温变化的因素包括负荷的变化、环境温度的变化、内部故障及冷却装置的运行状况等。造成变压器缺油的原因包括：变压器长期渗油或大量漏油；在检修试验变压器时，放油后没有及时补油；储油柜的容量小，不能满足运行要求；气温过低、储油柜的储油量不足等都会使变压器缺油。变压器油位过低会使轻瓦斯动作，而严重缺油时，铁芯暴露在空气中容易受潮，并可能造成导线过热，而发生绝缘击穿的事故。

（2）变压器运行中易渗漏油部位：

1）套管升高座 TA 小绝缘子引出线的桩头处，所有套管引线桩头、法兰处。

2）气体继电器及连接管道处。

3）潜油泵接线盒、观察窗、连接法兰、连接螺栓固件、胶垫。

4）冷却器散热管。

5）连接通路蝶阀。

6）集中净油器或冷却器净油器油通路连接处。

7）放气阀处。

8）密封部位胶垫处。

9）部分焊缝不良处。

（3）变压器运行中易发生高温的部位：

1）铁芯局部过热。铁芯是由绝缘的硅钢片叠成的，由于外力损伤或绝缘老化使硅钢片间的绝缘损坏，涡流造成局部过热。另外，铁芯穿心螺杆绝缘损坏会造成短路，短路电流也会使铁芯局部过热。

2）绕组过热，当相邻几个线圈匝间的绝缘损坏，将造成一个闭合的短路环路，同时，使一相的绕组匝数减少，此时在短路环路内的交变磁通会感应出短路电流并产生高温，使绕组过热。匝间短路在变压器故障中所占比重较大。

值班员必须认真监视各变电站的变压器油温变化数据，根据所发现的异常现象和存在的缺陷及时采取补救措施。

3. 变压器内部运行缺陷原因分析

（1）安装过程中的疏忽。完工后未将变压器油箱顶盖上运输用的定位钉翻转或卸除。

（2）制造或大修过程中的疏忽。铁芯夹件的支板距心柱太近，硅钢片翘凸而触及夹件支板或铁轭螺杆。

（3）铁芯下夹件垫脚与铁轭间的纸板脱落，造成垫脚与硅钢片相碰或变压器进水纸板受潮形成短路接地。

（4）潜油泵轴承磨损，金属粉末沉积箱底，受电磁力影响形成导电小桥，使铁轭与垫脚或箱底接通。

（5）变压器油箱中不慎落入金属异物，如铜丝、焊条或铁芯碎片等造成多点接地。

（6）下夹件与铁轭阶梯间的木垫受潮或表面附有大量油泥、水分、杂质使其绝缘被破坏。

（7）变压器的油泥污垢堵塞铁芯纵向散热油道，形成短路接地。

（8）变压器油箱和散热器等在制造过程中，由于焊渣清理不彻底，当变压器运行时，在油流的作用下，杂质往往被堆积在一起，使铁芯与油箱壁短接。

4. 变压器运行缺陷管理

发现变压器运行缺陷应及时制订处理措施，有序开展运维检修工作。缺陷记录应包含运行巡视、检修巡视、带电检测、检修过程中发现的缺陷。变电检修班应结合消缺，对记录中表述不严谨的缺陷现象进行完善；缺陷原因应明确，更换的部件应明确，缺陷定级应正确。缺陷分类应符合《输变电一次设备缺陷分类标准（试行）》，并按照发现、登录（汇报）、消除、验收、统计、考核等流程进行闭环管理，相关信息应及时录入生产管理信息系统。

三、变压器技术监督要点

变压器技术监督是一项细致、复杂的系统工程，覆盖变电运维、变电检修、电气试验、变电二次运检、油务化验专业等工种。应聚焦故障多发领域，开展设备缺陷不良信息数据收集、反馈。通过对设备状态数据确定（位置、性质、原因）、缺陷类别区分（性质、程度）、劣化趋势分析（预测设备运行时间、寿期)、确定状态检修方案、储存数据库进行智能化处理。技术监督的优点是突出质量和技术要素作用,强化设备质量管控,实施现场精细管理。

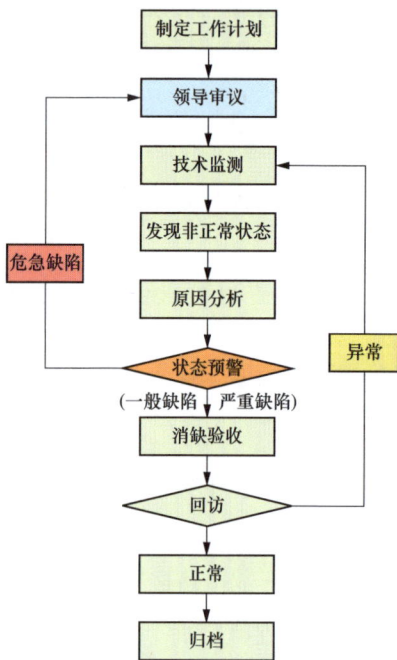

变压器技术监督诊断方法有直接技术监督(在线诊断)和间接技术监督(离线诊断)。直接技术监督包括设备巡视,现代光学成像技术(红外、紫外、X光等)、声学检测技术,具有不需要停电、快捷高效的优势。间接技术监督包括预防性高压试验、局部放电检测、超声波局部放电、特高频局部放电检测技术,油色谱分析、气体色谱在线检测技术。

通过变压器技术监督,进行异常分析、缺陷处理、状态预警、提出改进措施,保证变压器全寿命周期安全运行。技术监督应做到计划到位,资源到位,执行到位,反馈到位。为状态检修提供分析数据、决策信息指导,技术监督工作流程见图1-1。

图 1-1　技术监督工作流程示意图

四、变压器运行技术监督重点项目

(1)金属材料监督。加大变压器焊缝、阀门及橡胶密封制品等项目的检测力度。

(2)电气性能监督。做好新建工程变压器的气体继电器、蓄电池组、避雷器在线监测装置等检测工作。

(3)绝缘监督。监测变压器、互感器等设备内部放电,绝缘子防污闪等。

(4)电测监督。对计量设备制造、样品抽样、设备全检等环节进行监督,完成关口电能计量装置现场检测工作。

(5)继电保护及自动化监督。开展变电站二次回路绝缘检测,防范保护拒动误动事故。

(6)电能质量监督。调度、营销、信通、运维与检修专业的协同配合,评估电能质量监测终端配置，督促超标干扰源治理，做好技术降损措施实施。

（7）环保专业监督。治理500kV变压器噪声超标问题。

第三节 变压器运行操作与设备验收

一、变压器运行操作

变压器的运行操作是一项重要的工作程序。在变压器检修、试验、事故处理中，为了保证检修、试验过程的人员安全，需要对变压器间隔一、二次设备进行倒闸操作，并根据现场情况做好相关安全技术措施，见图1-2。电网技术科学信息反映：在变电站设备全过程技术监督中，其中变压器、隔离开关、控制及保护装置发现的问题较多。全省电力系统开展的例行试验、油中溶解气体数据监测、保护装置定检、直流蓄电池组核对性放电、电能质量指标等技术监督指标完成，都与变压器运行有直接关系。例如：某省生产管理系统记录（PMS），2021年8月通过各项技术监督共发现110kV及以上变压器169个缺陷，其中一般缺陷127处，严重缺陷36处，危急缺陷6处。如果发生障碍，将严重影响其他设备运行。

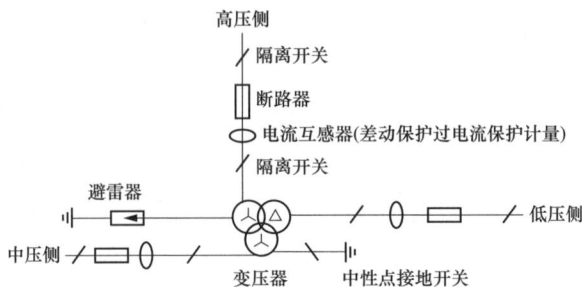

图1-2 变压器间隔一、二次设备功能示意图

为了处理设备缺陷，需要对变压器间隔设备进行倒闸操作。变压器间隔设备的操作分为运行、备用、解除备用、检修四种状态，变电站值班员根据调度命令，将变压器及相关设备由一种状态转变为另一种状态的操作叫倒闸操作。在倒闸操作中违背操作程序发生的错误操作，并引起严重后果的事件称为误操作事故。如果在变压器间隔设备操作时，发生带地线合闸等误操作，造成变压

器出口短路时的电动力可能会使变压器绕组变形、引线移位；如果继电保护延时动作或拒动，甚至会造成变压器绕组损坏。为了防止误操作事故，应提高值班员的基本功和岗位素质，应加强防误闭锁装置的管理，这也是技术监督的一项重要工作。

1. 变压器的操作步骤

（1）接受调度命令。需要报清变电站名称、互相通报姓名。明确操作目的和操作任务，停电范围。接受调度命令应复诵并进行电话录音。记录下令时间和下令人姓名。

（2）填写操作票。按照调度命令填写操作票，根据设备实际运行状态进行填写，不准直接用典型操作票进行填写。

（3）操作票审核。值班员操作人自审，监护人初审，值班负责人复审。并进行模拟操作演习。

（4）实行唱票复诵制，操作一项打一个执行符号"√"。

（5）操作检查。检查操作的正确性，表计、机械位置指示是否正确。

（6）操作汇报。操作结束后，监护人应将操作情况汇报调度。

2. 变压器操作注意事项

（1）投运变压器前值班人员应检查，确认变压器继电保护保护装置在良好状态，变压器外部有无异物，临时接地线（接地开关）已拆除，分接开关位置正确。

（2）强油循环变压器投运时应逐台投入冷却器，按负载情况控制投入冷却器的组数。

（3）变压器送电时应由高压侧充电，停运时应先停负载侧，后停高压侧。

（4）新投运的变压器应由高压侧对变压器进行五次空载冲击合闸，第一次受电的时间不应少于10min。

（5）新装、大修、事故检修或换油后的变压器，在施加电压前静止时间不应少于48h。

（6）变压器停电时，应先投入备用变压器或合上母联（或分段）断路器，并检查负荷分配正常。

（7）变压器停、送电之前，中性点必须接地（先合上中性点接地开关）。当变压器非全相运行时，严禁操作变压器中性点接地开关。

(8) 变压器停电解除备用后，应退出其保护联跳其他断路器的保护压板。

(9) 并列运行的变压器，倒换中性点接地开关时，应先合上另一台变压器中性点接地开关，后拉开原接地运行变压器的中性点接地开关。

3. 有载分接开关操作注意事项

(1) 操作时应同时观察电压表和电流表的指示，不允许出现回零、突跳、无变化等异常情况，分接位置指示器及动作计数器的指示等都应有相应变动。

(2) 远方电气控制操作时，计数器及分接位置指示正常，而电压表和电流表无相应变化，应立即切断操作电源，停止操作。

(3) 有载分接开关发生拒动误动、电压和电流变化异常、电动机构或传动机械故障、分接位置指示不一致、内部切换异常时，应停止操作。

(4) 在电动操作过程中，若出现三相交流电源总开关跳闸，此时应手动操作调到邻近挡的正确分接位置。

(5) 有载分接开关运行在极限挡位上时，若进行调压，应注意调压操作的方向，防止损坏操动机构。

二、变压器设备验收检查项目

变压器验收项目包括新安装、大修后验收，变压器投运前检查等项目。验收是为了保证状态检修的质量，检验设备的各项数据及电气性能的可靠性。完成设备验收后，变电站值班员还要进行变压器运行资料的收集管理。设备的验收是技术监督的一项重要工作，值班员通过对各项技术数据的核对，通过对设备缺陷记录、原始资料、运行资料、检修资料、高压试验报告、油化验报告、继电保护定置通知单等的收集，可以全面掌握变压器运行信息和存在的薄弱环节，提高变压器安全运行效率。

1. 变压器验收项目（新安装、大修后）

(1) 安装、检修、试验记录、图纸、技术资料齐全，数据合格正确。

(2) 检修、试验项目是否齐全，缺陷是否消除，有无遗留问题。

(3) 应打开的阀门是否全部打开。

(4) 各接头接触部位符合工艺要求，接触良好。

(5) 三相分接开关位置正确一致。

(6) 气体继电器内充满油，无气体，试验合格。

（7）温度计及附件完好，整定值正确。

（8）各部无渗油，油位合格，油位标志线（－30、＋20、＋40℃）清晰。

（9）冷却装置完好，试运转正常。

（10）保护及二次回路接线正确，经传动试验良好。

（11）外壳喷漆良好，各套管相别标志正确清晰。

（12）接地装置良好（变压器本体双接地），变压器上无遗留物。

（13）呼吸器无堵塞，装有合格的干燥剂。

（14）变压器沿气体继电器管道方向应有 1％～1.5％ 的升高坡度，其他通向气体继电器管道应有 2％～4％ 升高坡度。

（15）过电压保护（避雷器）符合规程要求。

（16）铁芯接地可靠，从顶部引出的接地线应引至变压器下部。

（17）有载调压装置电动、手动传动试验，切换正常。

2. 变压器投运前检查项目

（1）变压器本体、内部芯体应正常。冷却器、套管、储油柜等无缺陷。

（2）冷却器、潜油泵、风扇的旋转方向应正确并无杂音，所有蝶阀均在开启位置，分控箱整洁干燥、控制正常。

（3）有载调压装置远方与就地操作运行可靠，挡位指示位置正确。

（4）套管无破损，油位指示正常，高压末屏小套管引出线可靠接地，套管的电气、油化试验结果合格。

（5）变压器各放气部位应放尽残留气体，全部紧固件齐全完好；呼吸器畅通，硅胶颜色正常（呈蓝色）；压力释放装置应合格，安全气道防爆膜符合规定。

（6）继电保护装置及测量仪表全部符合要求，轻重瓦斯继电器触点分别接于信号与跳闸。

3. 变压器运行资料收集

变压器运行资料主要有设备缺陷记录、原始资料、运行资料、检修资料、高压试验报告、油化验报告、继电保护定置通知单等，资料集中体现了变压器运行的历史与现状。变电站值班员应全面掌握变压器运行质量情况，需要及时处理设备缺陷及消除薄弱环节，需要收集变压器各种状态信息资料。变压器资料管理内容如下：

（1）缺陷记录应包含运行巡视、检修巡视、带电检测、检修过程中发现的缺陷；记录中的缺陷现象表述完整，缺陷原因明确，更换的部件明确；检修班组应结合消缺，缺陷定级应准确，处理缺陷应闭环。

（2）原始资料。包括铭牌参数、订货技术协议、设备监造报告、出厂试验报告、运输安装记录、交接验收报告等。

（3）运行资料。包括运行工况记录、历年缺陷及异常记录、巡检情况、不停电检测记录等。

（4）检修资料。包括检修报告、例行试验报告、诊断性试验报告、反措执行情况、部件更换情况、检修人员对设备的巡检记录等。

（5）高压试验报告、油化验报告、继电保护定置通知单及校核报告、红外诊断记录等。

三、案例分析

案例1：变压器铁芯故障诊断试验及技术分析

1. 事故过程

某变电站运行两台 220kV 变压器，运行方式为并列运行，负荷分配均匀。但 1 号变压器本体温度经常高出 2 号变压器 3℃。2007 年 4 月 22 日，变电站值班员发现 1 号变压器本体温度异常升高，温差高达 10℃。值班员根据变压器温差异常现象，立即测量该变压器的铁芯和夹件的接地电流，发现接地电流均为 22.6A。而以往检测的正常接地电流为 6mA。进行油色谱分析，发现总烃达到 287.3μL/L。

2. 技术分析

判断变压器内部存在过热缺陷，初步分析原因是铁芯和夹件间存在短路现象。变压器停电后，用 2500V 的绝缘电阻表测量铁芯对地绝缘电阻为 16100MΩ，夹件对地绝缘电阻为 17540MΩ，铁芯和夹件之间绝缘电阻为 0MΩ。现场采用电容冲击法进行故障处理，无效果，说明铁芯、夹件内部短路点很牢固。对变压器放油检查，进入变压器油箱内检查发现，在 220kV C 相侧"最小级"的硅钢片有两处鼓出与夹件接触，铁芯层较为松弛，铁芯外表不够平整，有一片硅钢片存在轻微放电烧伤痕迹。

3. 技术监督结论

（1）铁芯与夹件短路后，铁芯、夹件和地之间形成闭合回路，导致铁芯、夹件接地电流同时增大，发生内部过热性故障，变压器的本体温度有一定程度的上升。在硅钢片鼓出处分别加两层 1mm 绝缘纸板并用白布带固定，处理完毕后测量铁芯与夹件间的绝缘电阻恢复为 10000MΩ 以上。将 1 号变压器投运后，铁芯和夹件的接地电流仅为 1.6mA 和 0.6mA，变压器本体温度曲线也恢复正常。

（2）需要重视变压器制造质量监督，把好设备监造质量的第一道安全防线。变电站值班员运行巡视与高压诊断性试验相结合，产生良好技术监督效果。

案例 2：变压器间隔设备上部鸟窝技术分析

1. 故障过程

变电站值班员与变电检修专业工程师配合，采用紫外光学设备及望远镜进行变压器设备专业巡视，发现变压器间隔的 110kV 主进线隔离开关绝缘子上部的紫外光图像反应异常。仔细观察，发现构架间隙有一鸟窝，更特殊的是鸟窝里有十几条细铁丝，最长的约 40cm，向地端伸出的铁丝长 20cm，并形成尖端放电，见图 1-3 和图 1-4。

图 1-3　紫外光显示绝缘子上部鸟窝照片　　图 1-4　绝缘子上部鸟窝照片

2. 技术分析

大量的导体铁丝存在绝缘子上部，铁丝外露下垂后，减少了绝缘子的爬距和安全距离空间。鸟窝的存在是变压器间隔设备安全运行的隐患，当恶劣天气或系统出现过电压时，可能造成尖端处闪络放电。

3. 技术监督结论

（1）随着我国环境保护工作的加强，各类鸟类得以大量繁衍生息，对变压器间隔设备的绝缘造成严重影响。变压器、电容器等设备运行中产生温度，设备周围形成冬季温暖的空间，所以，变压器周围是鸟类喜欢选择的栖息之地。鸟类搭窝的习惯和聚集特性给变电站设备的绝缘子运行造成不良影响，也可能造成接地短路的跳闸事故。

（2）据运行经验和实际观察，鸟类搭窝速度快（约 7 天）。无人值班变电站的工作距离远，巡视周期较长，极易给鸟类提供搭窝机会。变压器间隔设备各部位鸟快速搭窝的现象见图 1-5 和图 1-6。应在关键部位安装驱鸟的警示装置（或鸟类临近及触碰后的声音类警笛），特别是春季、冬季应加强变压器的特殊巡视，采取防范措施。

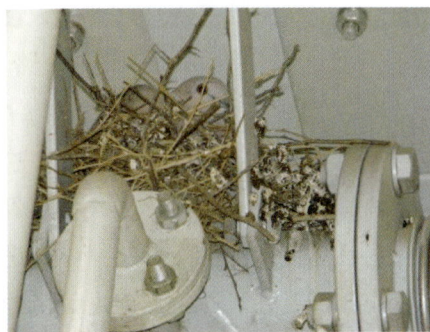

图 1-5　变压器储油柜下部鸟窝照片　　图 1-6　变压器冷却器风扇部位鸟窝照片

（3）室外布置的高压设备导电部位应进行绝缘化处理和防止小动物危害的安全防护措施。

案例 3：值班员跳项操作，擅自解除防误锁，造成带接地开关合闸事故

1. 故障过程

（1）颠倒操作顺序，擅自解锁操作，带接地开关合闸，110kV 某变电站 2号变压器处理缺陷。调度命令"2 号变压器拆除安全措施、恢复备用、加入运行"，值班员填好操作票，在模拟图板上模拟后开始操作。二人为图省事、少

跑路，颠倒操作顺序，就近到高压室内执行第 15 项"拆除 102 东隔离开关"动静触头之间的绝缘隔板，再到室外执行第 14 项"拉开 112 北接地开关"（结果忘记了此项）。结果操作完第 15 项却忘了第 14 项。继续按操作票顺序操作第 16 项，监护人越位亲自操作，在用闭锁钥匙打不开 112 南隔离开关程序时（双母线），不认真思考为什么打不开锁？擅自进行解锁操作，在合 112 南隔离开关时，发生带接地开关合闸的恶性误操作事故。

（2）拿错接地开关钥匙，带电合接地开关。某变电站值班员收到 38 号第一种工作票，任务为"1 号变压器高压侧 55 号断路器泄漏电流增大原因分析"。值班员在未做安全措施的情况下，即填写办理了许可开工手续。拿错 559 接地开关钥匙，未验电就盲目推上 559 接地开关，造成三相短路接地，变电站全站失压。

（3）操作中使用万能钥匙，打开隔离开关闭锁装置。220kV 某变电站进行 110kV 徐双 1 北隔离开关大修，验收中发现隔离开关有一相触指有弹簧弹性差异缺陷，值班员与检修人员对徐双 1 北隔离开关进行操作试验。值班员在返回检修现场时，误入 110kV 徐岱 1 间隔，用万能钥匙打开隔离开关闭锁装置，误将徐岱 1 北隔离开关合上。徐岱 1 间隔检修装有接地线，使 110kV 北母短路，母线差动保护动作造成 110kV 母线失压。

（4）操作中走错设备间隔。某电厂电气网控值班员进行 110kV 南母 TV 检修预试，工作结束后进行操作。操作人走错位置，未核对设备名称，误将南母接地开关当成南母 TV 隔离开关；监护人没有唱票复核，就强行解锁操作，误将接地开关合到带电母线上。事故造成 9 座 110kV 变电站失压，损失负荷约 80MW。造成 7 号联络变压器（240MVA）中压线圈损伤变形。

（5）操作中擅自将防误锁撬开。某变电站值班员进行"1 号变压器停电"操作，操作中却跑到 2 号变压器 35kV 侧隔离开关处。未唱票、复诵、核对设备编号，就用 1 号变压器西 42 单元的钥匙开锁。因走错间隔防误锁打不开，两人没有检查核对设备编号及位置，却错误地将防误锁撬开，带负荷拉开西 406 隔离开关，引起 2 号变压器差动保护动作跳闸。

2. 技术分析

（1）防误操作人员心理分析。人对事物的感觉与反应的模糊性，是工作中错误的重要根源。反映在电气操作中，如听错调度命令、误解操作内容、填错操作工作票、写错设备编号、看错设备名称等，从而成为误操作的危险因素。应培养、引导变电站值班员的工作注意力和记忆力，将值班员的心理活动引向对技术的掌握运用中，稳定在工作岗位的每个环节。

（2）在每次倒闸操作中，监护人应集中精力全程做好监护，不因为当事人的听觉、视觉、知觉的差距，导致错误心理；助长粗心、懒惰、逞强、遗忘、冒险、求快等缺点的蔓延。例如，对零点工程检修作业时，应有上级领导的安全监护。

3. 技术监督结论

为防止电气误操作事故，应全面贯彻落实 Q/GDW 1799.1—2013《电力安全工作规程（变电部分）》、《关于印发〈国家电网公司电力安全工作规程　配电部分（试行）〉的通知》（国家电网安质〔2014〕265 号）、《关于印发〈国家电网公司防止电气误操作安全管理规定〉的通知》（国家电网安监〔2006〕904号）、《国家电网公司变电运维管理规定（试行）》〔国网（运检/3）828—2017〕、《国家电网公司变电验收管理规定（试行）》〔国网（运检/3）827—2017〕及其他有关规定，并提出以下重点要求：

（1）切实落实防误操作工作责任制，各单位应设专人负责防误装置的运行、维护、检修、管理工作。定期排查隐患，消除缺陷。

（2）防误闭锁装置应与主设备统一管理，做到同时设计、同时安装、同时验收投运，并制订和完善防误装置的运行、检修规程。

（3）加强调控、运维和检修人员的防误操作专业培训，严格执行操作票、工作票制度。

（4）倒闸操作时，应按照操作票顺序逐项执行，待发令人确认无误后方可操作。严禁跳项、漏项、改变操作顺序、单人滞留在操作现场、擅自更改操作票，随意解除闭锁装置。变压器重大操作项目，变电站站长及有关领导到位监督。

（5）严格执行防误闭锁装置解锁流程，任何人不得随意解除闭锁装置，禁止擅自使用解锁工具（万用钥匙）。

（6）禁止擅自开启直接封闭带电部分的高压配电设备柜门、箱盖、封板等。

（7）继电保护、二次设备操作，应制订正确操作方法和防误操作措施。不得擅自修改继电保护、安全自动装置定值，定值调整后检修、运维人员应确认签字。

（8）定期组织防误装置培训，做到"四懂三会"（懂防误装置的原理、懂性能、懂结构和操作程序，会熟练操作、会处理缺陷、会维护）。

第二章 变压器巡视监控与事故处理技术监督

变电站值班员采用设备巡视、设备监控等技术监督的方法，能够早期发现变压器等设备的运行异常和设备缺陷，在预控变压器运行风险的前提下，可以使变压器始终保持安全运行状态。变压器运行巡视应重点关注渗漏油、储油柜和套管油位、顶层油温和绕组温度、分接开关挡位指示与监控系统一致、吸湿器变色及受潮情况、声响及振动、控制箱和端子箱加热驱潮等装置运行状态。

事故处理技术监督是变电站值班员（设备监控）在紧急状态下开展的技术操作，设备事故现场的每一处理步骤都至关重要。值班员应掌握设备事故现场的全面状态，根据变压器事故处理的特点，增强对变压器运行故障性质的判断能力，正确快速处理变压器事故。变电站值班员敏捷有效的工作，是变压器技术监督的重要因素之一，是落实《国网变压器全过程技术监督精益化管理实施细则》的首要条件。

第一节 变压器巡视技术监督

一、变压器巡视项目

变压器设备巡视是变电站交接班的重要内容，是利用人的感官，诊断变压器的声音、温度、气味、变形、变色、渗漏油等现象，保持正常巡视频次，采用正确的巡视方法，保证对变压器的巡视检查质量，是完成变压器设备技术监督工作的基本要求。变压器巡视项目包括变压器的例行巡视、全面巡视、特殊巡视等标准化作业，在此基础上完成变压器运行所需的倒闸操作、运行控制、设备运维、设备验收、隐患排查、故障处理等工作。变压器巡视在设备保持运行的状态下，从外观上检查变压器所属一、二次设备有无异常或隐患。变压器设备巡视的目的为确认有无影响甚至妨碍变压器设备运行的异常情况发生，有无盗警、火灾、人为破坏和影响运行环境的因素，从而掌握变压器设备运行变化的趋势，并根据电网结构、站所规模、场地条件等，提出处置方案，防范事故措施。

（一）变压器例行巡视

变压器例行巡视是指变电站值班员在值班期间或交接班时，进行设备巡视的内容之一，是采用常规的巡视方式，按照变电站一次系统图和二次设备位置特点，开展的设备基础管理工作。变压器例行巡视的内容如下。

1. 变压器巡视的管理内容

（1）设备运行方式、电压越限、潮流重载、缺陷隐患新增及消除、风险预警管控、异常及事故处理等情况。

（2）变压器主辅设备运行状态及变更情况。

（3）检修、操作及调试工作进展情况，包括停电计划、停电范围、指令执行情况等。

（4）监控系统、设备状态在线监测系统及在线智能巡视系统运行情况；电网重要保电情况。

（5）110kV及以上设备故障跳闸（临时停电）事件、35～110kV变电站全停事件、造成舆论影响的变电设备故障事件（铁路中断，政府机构、医院、广播电视台等）。

2. 变压器巡视的技术内容

（1）检查变压器套管的线夹线夹接头的螺栓齐全、紧固到位，引线应无松动、松股和断股现象，过渡线卡应无过热现象。

（2）变压器套管绝缘子外表应清洁，无污垢；法兰应无生锈、裂纹；无不均匀放电声、放电痕迹及其他异常现象。

（3）油位油色检查。套管内的油位应保持正常；油色透明微黄色，无发黑现象。

（4）套管底座、套管引线接头处、法兰处、气体继电器、冷却器散热管、放油阀处无渗漏油。

（5）防爆装置检查。检查压力释放阀装置应密封，信号装置的导线完整无损；安全气道（防爆管）装置玻璃应完好无破裂，防爆管菱形网应完整。

（6）温度检查。检查变压器本体和有载调压开关的温度计数值在规定范围内。

（7）气体继电器检查。从观察窗检查内腔机构应正常、无气体；气体继电器防雨罩完好，器身及接线端子盒应严密无进水。

（8）呼吸器油封应通畅，呼吸器硅胶无变色。

（9）冷却器检查。油流继电器动作指示正常，风扇无反转及异常振动，电源线接头包扎良好，潜油泵运行无异常；冷却器应平稳运行。冷却器分控制箱及电缆进线，应密封良好，无受潮及杂物。

（10）变压器外壳接地线应无锈蚀现象，铁芯接地引线经小套管引出接地线应接触良好。

（11）变压器的事故排油坑应无杂物、无积水，排油管道应通畅。

（二）变压器全面巡视

变压器全面巡视是指变电站站长组织值班长、安全员等，对站内变压器所属一、二次设备及安全措施，进行全面重点检查。需要开启端子箱、机构箱箱门、微机保护的柜门。详细记录液压机构的动作次数、气压、油压、温度等运行数据；检查一、二次设备绝缘部位的污秽情况；检查安全防范设施、消防设施、生产辅助设施（空调）的功能性是否完好；检查防小动物、防误闭锁等有无漏洞；检查接地引下线是否完好；电缆沟及防汛设施等方面的详细巡查。变压器设备全面巡视注意事项如下：

（1）变压器巡视工作，应结合每月停电检修计划、带电检测、设备消缺维护等工作统筹组织实施，提高变电运维技术管理的质量和效率。

（2）变压器巡视应执行标准化作业书，按照设备单元和设备间隔布置特点，根据设备运行原理，进行全方位巡视检查，保证巡视质量。为确保夜间巡视安全，变压器间隔设备现场应具备完善的照明。现场巡视检测工器具（望远镜、红外热像仪等）应合格有效、性能良好。

（3）对于不具备可靠的自动监视和告警系统的设备，应适当增加巡视次数。

（4）对处于过负荷、过电压、异常运行状态的变压器设备进行特殊巡视，应有针对性安全措施和危险点告知，应由有经验的值班长监护。

（5）巡视人员应注意人身安全，正确着装，两人同时进行。针对设备运行异常状态，应尽量缩短在充油设备附近的滞留时间。

（6）雨雾天气应穿绝缘靴、雨衣，不得触碰设备及架构，需要巡视二次设备时，打开端子箱时需戴绝缘手套。雷雨天气不得靠近避雷器和避雷针。

（7）大型变压器发生异常，可能会造成人身伤害时，应开展远方巡视。恶劣天气巡视设备时，应尽量缩短在瓷质套管、充油设备附近的滞留时间。

（8）无人值班站的设备巡视应根据集控变电站地理位置、值班车辆行驶半径、天气环境等因素，综合变电站运行管理经验，制定完善的管理模式。

（9）变电站应照明充足，各间隔编号齐全，便于管理和巡视监督。

（三）变压器特殊巡视

变压器特殊巡视是指变电站值班员在值班期间（或站长组织参加）根据天气变化、负荷变化、事故跳闸等情况，在第一时间对变压器设备进行的巡视。巡视中发挥人的主观能动性，并借助于光学设备进行局部监督（望远镜、红外热像仪、紫外仪器等），在更大范围内发挥人的技术、运行经验优势，对容易发生异常的变压器设备部位进行主动观察、倾听、查询、判断。变压器特殊巡视的内容如下：

（1）变压器保护动作跳闸后：短路故障后检查有无明显的短路（小动物、杂物等）放电现象。有关设备、接头有无异状。防爆管玻璃应完整无裂纹，管内无存油，油位是否正常。

（2）断路器故障跳闸后的巡视检查：检查六氟化硫的压力值是否正常，液压机构压力是否正常，机械有无变形，绝缘部件有无损伤，有无明显的短路放电现象。是否因为机构、保护、二次回路、人员误操作等问题造成误动。

（3）迎峰度夏、度冬、农村抗旱浇灌期间：检查电力系统是否过负荷，母线电压是否低于运行标准值。高峰负荷期间，注意设备接点及导线有无过热现象，进行红外测温。

（4）变压器过负荷：检查某段时间环境温度较高，或超过额定电流。变压器运行温度计冷却系统应运行正常。监视负荷、油温和油位的变化。容易产生发热故障的设备线夹、导体接头、隔离开关触指等部位接触应良好，红外测温无异常（含高压开关柜内部进行窗口巡视）。

（5）变压器轻瓦斯保护动作后：检查上层油位、油温，变压器声响，轻瓦斯动作时间间隔等。

（6）大雾天气：检查瓷套管清洁、无裂纹和打火放电现象；重点监视污秽瓷质绝缘子无放电现象。母线电压是否高于运行标准值。

（7）大风天气：检查变压器间隔设备的引线摆动情况及有无搭挂杂物。端子箱、机构箱门是否闭锁或被风刮开。变压器气体继电器的保护罩固定牢固。变压器间隔设备周围有无被大风卷起的杂物。安全围栏及设备标识是否牢固。与变压器运行相关的高压室、继电保护室等门窗是否关闭，有无被风刮开。

（8）雷雨天气：检查变压器套管有无放电闪络现象，避雷器的放电记录器动作情况及绝缘子表面是否有异常放电现象。端子箱的防潮防漏检查，与变压器运行相关的高压室、继电保护室等生产房屋是否漏雨、局部渗水等。设备区的排水系统正常运行。

（9）大雪天气：根据积雪融化情况检查变压器间隔设备的连接导线的接头、线夹是否发热，有无发热产生的冰雪融化现象。及时处理变压器间隔设备及建筑物上部的积雪和冰棒。

（10）变压器设备区域有大型技术改造的施工作业：检查大型施工机械设备（吊车、混凝土搅拌车、挖掘机、运输车辆等）对运行设备的安全距离，工作负责人的监护措施是否落实到位，围栏及安全警示标识是否齐全。工程中使用的绝缘梯及施工材料摆放有序，工作中平抬平放，无移动中误碰运行变压器间隔设备的作业风险。

（11）重大节日、高考期间、疫情管控等重要保电任务时：按照正常变压器设备巡视程序要求，全面细致进行拉网式排查。

（12）变压器设备夜巡：夜间闭灯巡视是变压器设备巡视的一种特殊工作方式。使用手电筒集中巡查重点设备部位，因观察视角聚焦效果优于白天。对白天光照条件下难以发现的异常现象，能及时发现变压器设备缺陷。主要检查变压器套管设备有无电晕、放电现象，导线接头、线夹有无过热现象，有无异常声响。变压器保护屏的信号灯及表计指示正常。变压器放油管道阀门无渗漏油。①人工进行设备巡视。夜间环境安静，听设备运行异常的声音效果好。巡视重点检查变压器套管、电缆终端、隔离开关触头、设备绝缘子表面是否有放电声音等。检查电缆沟孔洞及小动物活动轨迹。②红外、紫外、无人机等高科技设备实时参与夜间变压器设备巡视。

二、案例分析

案例 1：巡视发现变压器阀门裂纹缺陷（金属监督）

1. 故障过程

某变电站值班员进行设备巡视，发现 500kV 变压器（国外厂家）油箱主阀门裂纹漏油，见图 2-1。

(a)　　　　　　　　　　　　　　　(b)

图 2-1　变压器油箱阀门裂纹漏油照片

（a）巡视全景；（b）局部裂纹

2. 技术分析

（1）变压器油箱底部的放油阀门承受的压力大，阀门出现突然裂纹产生漏油，说明阀门制造材料的强度、韧性不合格。

（2）反映出制造厂家的设计思路出现轻视阀门作用的问题，对阀门材料选用不当（耐油、耐温、耐压性能）。

（3）初期设备安装、试验、验收时，没有发现阀门材料使用不当的问题，重要设备的供应与使用应引起物资采购、运维检修部门的重视。

（4）变压器渗漏主要是密封性渗漏和焊缝渗漏两种类型。密封性渗漏一般与密封件、密封面、装配等方面的质量缺陷有关，而焊缝和钢板沙眼的渗漏则是油箱等部件制造过程中的材料或工艺缺陷引起。渗漏油检查主要是查看油箱、阀门、油管路等是否有渗漏痕迹，发现的密封性渗漏问题，应考虑更换密封件或渗漏部件。变压器渗漏的技术原因有 3 点。①变压器的焊点多、焊缝长：油浸式电力变压器是以钢板焊接壳体为基础的多种焊接连接件的集合体。一台 31500kVA 变压器采用橡胶密封件的连接点约为 27 处，焊缝总长约 20m，因此渗漏途径可能较多。②密封件材质低劣：密封件材质低劣和缺损是变压器连接部位渗漏的主要原因。③空气类型渗漏：空气渗漏是一种看不见的渗漏，如套管头部、储油柜的隔膜、安全气道的玻璃以及焊缝沙眼等部位的进出空气都是看不见的，但是由于渗漏造成变压器绕组绝缘受潮和油加速老化的影响很大。

3. 技术监督结论

（1）金属监督对变压器设备的设计制造、安装调试、运行维护的全过程技术监督十分重要。

（2）值班员认真巡视设备及时发现缺陷，防止金属材料问题引起变压器严重漏油跳闸事故。

（3）变压器运行中各类不可预计的故障随时可能发生，按照设备巡视制度，值班员应巡视到位，运维检修部应制订故障抢修应急方案。例如，变电站值班员发现某变压器 10kV 套管固定线夹裂纹。因母线运行电流小（110A），线夹接触面导电状态暂时正常，红外测温无发热现象，见图 2-2 和图 2-3。红外热像给预警提供了准确数据，给状态检修提供了准备时间。

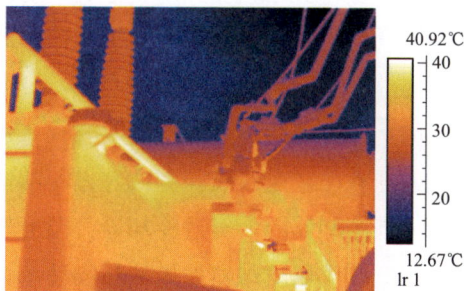

图 2-2　变压器 10kV 套管固定线夹裂纹照片　　图 2-3　变压器 10kV 套管红外热像

案例 2：巡视发现变压器风冷却设备异常

1. 故障过程

对某 220kV 变电站 2 号变压器（SFPSZ9-120000/220）红外测温时发现异常情况：1、2 号变压器运行中，有功功率均为 32MW，电流 170A，而红外热像图显示，1、2 号变压器相同部位温差却达到 24℃。

《电力变压器运行规程》（DL/T 572—2021）规定，变压器温度差别在 10℃应查找通风原因，排除变压器内部故障因素。1、2 号变压器所带负荷很轻，而相同部位温度差别却达到 24℃。查看近期变压器油化验报告结论无问题。四组风冷装置正常。红外诊断人员仔细观察发现 2 号变压器散热器大面积被污物堵塞，排风散热不畅见图 2-4 和图 2-5。确定 2 号变压器异常温差原因为散热器被污物堵塞所致。

图 2-4　散热器大面积被污物堵塞照片　　　图 2-5　变压器及冷却器运行照片

2. 技术分析

（1）变压器运行中，自身产生一些损耗（导线损耗、铁芯损耗、附加损耗），这些损耗以热量的形式向周围的空气或油中散发，使变压器各部位的油温升高。变压器的热量主要产生于铁芯和线圈内部，热量则以热传导和对流的方式向外部扩散。

（2）强迫油循环风冷的降温方式，用油泵加速油流动，变压器下部的温度较低的油被循环送入线圈和铁芯之间的油道，较高温度部位油的热量被流动的冷油带到冷却器内，经过冷却器将温度散发到空气里。

（3）变压器冷却器如果被污物堵塞，散热效果受到阻碍，变压器内部热量不能正常被散发，就会引起变压器温度升高，处于异常运行状态。

（4）变压器长期过高温度运行会导致油质劣化、绝缘老化、局部绝缘损坏等严重后果。运行过程应定期检查、记录变压器油温及曾经到过的最高温度值，并按照油温变化控制负荷和冷却装置的投切。

（5）变压器的寿命取决于绝缘的老化程度，而绝缘的老化又取决于运行的温度。国际电工委员会认为：A 级绝缘的变压器在 80～140 ℃ 温度范围内，温度每增加 6℃，变压器绝缘有效寿命降低的速度就会增加一倍。

3. 技术监督结论

（1）风冷却器的散热翅片密集，常年的吹风很容易导致灰尘和异物的堆积，从而导致散热效率的降低，因此对风冷却器应注意散热翅片的清洁。对于积污严重的风冷却器，可在停电时使用高压力的水进行冲洗，清洗程度可根据排水的清浊来判定，水洗后应启动风扇使冷却器干燥。

（2）发现缺陷后检修人员对污物堵塞的散热器进行高压水清洗，消除变压器安全运行的隐患。根据发现的风冷系统异常，举一反三，对 220kV 系统运行的 10 台变压器进行检查清洗，规定每年 4 月对污物堵塞的散热器进行高压水清洗（应停电进行清洗，防止水雾集中造成变压器套管污秽闪络），确保主设备安全度夏。

（3）变压器油温检查时，主要查看油面温度计和绕组温度计指示值。如油温异常，值班员应根据负荷情况、环境温度、冷却装置投入情况进行综合分析判断和处理。

（4）变压器冷却器故障处理方法。根据故障的现象分析故障原因，根据标准化作业程序进行故障的处理。

案例 3：变压器低压侧异物掉落短路事故（巡视不到位）

1. 事故经过

2021 年 10 月 24 日，220kV 变电站 1 号变压器（2014 年投运）两套保护装置纵差保护动作跳闸。现场检查发现，变压器低压侧母线三相避雷器伞裙表面有电弧烧灼痕迹，相邻绝缘套处有过热痕迹；解开低压侧套管接线端子绝缘护套后，发现三相护套内都有鸟类搭建鸟窝堆积的杂草，见图 2-6 和图 2-7。避雷器周边地面散落有鸟衔的树枝，地面干树枝有燃烧痕迹。

图 2-6　变压器低压侧鸟窝隐患照片

图 2-7　避雷器表面烧灼痕迹照片

2. 技术分析

鸟类在变压器低压侧套管附近活动、筑巢，值班员巡视时未及时发现并清理，造成变压器低压侧避雷器上部 A、B 相相间短路。

3. 技术监督结论

建立健全隐患排查治理长效机制，细化隐患分级原则，按照隐患危害程度、损坏后修复难易程度，制定分级治理策略；建立隐患风险预警机制，协同调度、配网、输电等专业配合做好隐患设备预防。加快低压绝缘化、鸟害、防雨罩等隐患治理，制定隐患分级标准，精准制定治理策略，优先处理可能引起设备跳闸故障的隐患。

第二节　变压器设备监控技术监督

变压器设备监控主要用于对变压器间隔设备等进行远程遥信、遥测、遥控、遥调、遥视、遥脉等，集控变电站值班员通过监控系统对变压器主辅设备进行全面监控。随着电网快速发展、设备规模大幅增长、技术不断升级，电网设备安全运行风险和压力与日俱增。电力企业对设备监控非常重视，变电运维管理进入了"无人值守＋集中监控"的新模式；实现管理能力、业务能力、技术支撑的全面提升。随着 5G 网络的发展应用，变压器设备监控效能会有更多的发展空间，变压器的技术监督会更加高效快捷。

一、变压器设备监控功能

变压器设备监控是指对变压器主辅设备的信息监视和控制操作。通过监控人员精准操作、实时监管，安全运行指标把握在规程约定的范围内。变压器设备监控系统取代常规的测量系统，取消了常规控制屏，取代了中央信号控制及继电器屏和常规的远动装置，使变压器安全运行技术取得了显著进步。设备监控覆盖变压器间隔设备的操作范围，完成设备位置图像、设备运行数据采集、设备状态监视、设备变化状态操作、设备缺陷预警等，实现了保护、控制、测量等多专业综合自动化。变压器设备监控功能如下：

（1）变压器设备监控技术面向变电站各设备间隔（对象）设计，基本功能是实现保护、控制、测量等多专业的综合自动化的技术优势，促进各专业技术上的协调。

（2）事件顺序记录（SOE），包括事件时间（精确至毫秒级）和状态，故障记录（或故障录波）和测距，保护及自动装置信息记录。

（3）具备主设备集中监控功能，实现变压器间隔一、二次设备状态监视，逐步实现一键顺控、远方投退软压板、信号复归等远方操作。

（4）具备辅助设备集中监控功能，实现所辖变压器设备的安防、消防、动力环境、网络安全等辅助设备设施实时监控。

（5）具备高清视频监视和远程巡视功能，通过所辖变电站视频系统、智能巡检机器人，全覆盖零死角布点，逐步实现变压器主辅设备在线智能巡视及辅助应急处置。

（6）具备智能综合分析决策功能，实现变压器设备的状态在线监测、设备缺陷预警、现场管控等信息的汇集和研判，为设备运维、检修、评价、成本分析等提供决策支撑。

（7）具备移动作业功能接口功能，实现变压器现场的操作、验收、运维、检测、故障处理。

（8）具备数据采集与处理功能，实时采集模拟量、开关量、数字量、温度量、脉冲量以及各类保护信息，对实时数据进行统计、分析、计算。例如通过计算产生电压合格率、有功、无功、电流、总负荷、功率因数、电量日/月/年最大值/最小值及出现的时间、日期、负荷率、电能分时段累计值、数字输入状态量逻辑运算值等。设备正常/异常变位次数，统计计算支持丰富的技术状态表达。

二、监控系统工作状态

监控系统工作状态反映监控设备运行中各类保护信息，对实时数据进行采集、计算、分析、统计。监控系统实时显示设备正常/异常变位次数，电压合格率、有功、无功、运行电流等重要运行指标；精准完成断路器、隔离开关的控制，变压器调压分接开关触头的调节；实现对保护功能软连接片的投退；异常信号的复归等控制功能。监控系统为变电站值班员和值班调度员提供变压器运行数据参考，实时决定对供电区全部变压器的运维管理方法。监控系统工作状态如下：

（1）数据采集与处理实时采集模拟量、开关量、数字量、温度量、脉冲量以及各类保护信息。对实时数据进行统计、分析、计算。例如通过计算产生电压合格率、有功、无功、电流、总负荷、功率因数、电量日/月/年最大值/最小值及出现的时间、日期、负荷率、电能分时段累计值、数字输入状态量逻辑运算值等。统计计算设备正常/异常变位次数支持运行数据的表达。

（2）告知信息是反映变压器设备运行情况、状态监测的一般信息。主要包括隔离开关、接地开关位置信息、变压器运行挡位，以及设备正常操作时的伴生信息（如：保护压板投/退，保护装置、故障录波器、收发信机的启动、异常消失信息，测控装置就地/远方等），该类信息需定期查询。

（3）报警输出支持音响和语音，可由用户灵活设置，同时启动事项打印输出功能。重要的遥信变位、保护动作发生时，系统自动启动相关的测量数据的记录，供系统将来进行事故追忆，系统可追忆事故前 3min 后 5min 共 128 点全站各个间隔的测量数据，并提供曲线、表格两种形式任意选择想要查看的事故追忆数据。

（4）控制功能具备就地/主站/远方三级控制，带必要的安全检查和防误闭锁。完成对断路器、隔离开关的控制；对变压器调压分接开关触头的调节；保护功能软连接片的投退；具备信号复归以及设备的启停等控制功能。

（5）变压器设备监控系统提供防误闭锁功能：微机防误系统配合变压器间隔设备操作，完成防误闭锁功能和系统内嵌的软件防误闭锁功能，用户可通过软件闭锁逻辑定义工具，完成闭锁逻辑的设计功能。

三、设备监控班的任务

各市级供电公司成立"变电集控站"和"设备监控班"。"设备监控班"实行 24 小时值班制，承担设备运行数据和异常信息的日常管理，也是技术监督工程的基本业务单元。为运行控制、缺陷研判、状态感知预警、风险管控、应急处置提供有力信息。

根据《国网变电集控站管理规定（试行）》（设备变电〔2020〕57 号）设计的管理模式，"变电集控站"的规模分为大、中、小三个等级：大型站 50～80 座变电站，中型站 30～49 座变电站，小型站 30 座以下变电站。设备监控人员通过集控站的监控系统，实时监视设备告警、跳闸信息，定期检查设备遥信、遥测信息，开展设备遥控、遥调。设备监控的模式是变电集控站与调度中心业务联系的重要环节。具体包含以下内容：

（1）监视所辖变电站运行工况，检查设备有功、无功、电压、电流、变压器（电抗器）温度等信息；根据"告警仓"的短报文，显示的各类异常信息及时通知集控变电站值班员到现场进行核实查证。如：温度、压力、负载、电压等告警值。

（2）实时监视主设备异常、越限、告警、变位、跳闸信息，定期检查设备遥信、遥测信息，开展设备遥控、遥调。按照调度指令或系统电压，进行变压器和电容器设备的遥控、遥调操作。

（3）提供站内报文监视功能，方便运行人员进行工程调试。逐步实现一键顺控、远方投退软压板、信号复归等远方操作。

（4）检查所辖变电站辅助系统告警信息，并远程控制相关设备，如检查在线监测、在线智能巡视系统告警与发展趋势等信息，消防、安防、动力环境系统、在线智能巡视系统的信息，并提供系统事件显示功能。

（5）监控人员应利用在线智能巡视系统定期开展远程巡视工作。在恶劣天气、保供电、电网风险管控等特殊情况下，增加巡视频次，并做好事故预想及各项应急准备工作。

（6）监控人员应及时向运维人员通报系统监视、视频巡视发现的隐患、异常和故障。运维人员应及时进行现场检查确认，并将结果汇报调度和监控值班员。例如：设备有严重缺陷、设备重负荷或接近稳定限额运行、恶劣天气有风险管控要求。

四、案例分析（设备监控信号判断）

案例1：变压器有载分接开关相间短路监控告警

1. 事故过程

2018年7月29日，设备监控人员通过监控系统实时告警，发现某220kV变电站1号变压器（2015年投运）跳闸信息，差动、本体气体保护、有载分接开关气体保护动作跳闸。

2. 技术分析

（1）故障原因是变压器有载调压装置内部转换开关接触压力不足：①弹簧

压力偏小；②转换开关动触头安装孔处倒圆角，致使弹簧压缩量比理论值小，施加在动触头上的力变小。

（2）油色谱检测发现本体总烃含量为 $162.21\mu L/L$，乙炔含量为 $88.15\mu L/L$；分接开关总烃含量为 $4150.77\mu L/L$，乙炔含量为 $1292.31\mu L/L$。

（3）外观检查发现本体压力释放装置动作；有载调压装置大盖破裂，水平连杆与齿轮盒输出轴偏移后脱落，如图 2-8 所示。排油内检发现本体内选择机构动、静触头间出现放电烧蚀现象，器身底部有分接引线固定支架及熔铜颗粒，A 相绕组围屏脱落。返厂检查发现分接开关三相主触头均存在不同程度烧损痕迹，如图 2-9 所示。

图 2-8　有载调压装置防爆上盖
爆裂照片

图 2-9　分接选择器动触头烧损、
绝缘柱变形照片

3. 技术监督结论

（1）加强变压器厂内制造阶段的质量监督，重点检查原材料进厂检验、防尘、防异物等措施执行，以及关键制造工艺控制情况。认真开展产品技术符合性评估工作，评估资料建档留存。

（2）加强设备出厂试验和现场交接试验见证监督工作，全过程监督见证雷电冲击、长时感应耐压和局部放电等绝缘试验。

（3）其他类似事件。2018 年某 220kV 变压器（2009 投运）差动、本体重瓦斯、压力释放阀动作跳闸，检查发现变压器油箱加强筋有裂纹。变压器吊罩检修，发现变压器箱体内部中压绝缘支架上部有一条蓝色毛巾，属于厂家专用擦拭布。在变压器振动、油流等外力的作用下，移动搭桥造成变压器低压绕组出线放电短路。该案例说明，需加强变压器制造阶段监督管控措施。

案例 2：变压器铁芯高温过热缺陷监控告警

1. 事故过程

2021 年 6 月 10 日，设备监控班发现某 220kV 变电站 1 号变压器运行工况异常（2018 年投运），1 号变压器高于 2 号变压器温度约 13℃。根据"告警仓"的短报文显示的异常信息，及时通知集控变电站值班员到现场进行核实查证。集控变电站值班员巡视中发现根据一个月的值班记录，证明 1 号变压器油温表高于正常值的 10℃已成稳定数据，分析判断变压器属于运行异常状态。同时对 2 台变压器外部表面温度进行红外测温对比，确定属于异常运行状态。油务人员的离线色谱检测中总烃含量（152.65μL/L）超过注意值。7 月 29 日排油内检并滤油后投运，经测量总烃含量再次增长至 121.14μL/L。

2. 技术分析

返厂解体检查发现变压器 C 相铁芯柱底部两框间硅钢片有明显烧黑痕迹，C 相铁芯底部框间间隙尺寸为 6.7mm，大于 A、B 相的 6.1mm，如图 2-10 所示；铁芯存在多处锈蚀，损伤缺陷；铁芯 C 柱绝缘隔板与其他两相相比向上位移约 70mm，三相绝缘隔板均存在大面积黑色脏污痕迹。

专家技术分析认为：铁芯叠装过

图 2-10　变压器 C 相铁芯底部框间间隙照片

程中，C 相芯柱间隙过大，铁芯间绝缘隔板未被牢固夹紧，受运行振动影响，两框间硅钢片以及两框边缘各自层间硅钢片导通，铁芯局部环流导致高温过热。

3. 技术监督结论

（1）铁芯过热是变压器类设备的常见缺陷，主要原因为铁芯机械强度不足造成硅钢片变形、移位或铁芯受潮导致片间短路发热，主要故障特征表现为总烃升高。

（2）加强变压器制造阶段技术监督工作，监督厂家严格按照标准工艺进行组装试验，重点监督铁芯叠装、器身整体及零部件的防潮、气相干燥等环节。

（3）加强色谱异常变压器的跟踪监视，缩短在线、离线色谱检测周期。当总烃相对产气速率超过注意值或明显增长、突变时，应开展空载和负载等试验，根据试验结果，制定检修策略。

案例 3：变压器出口短路事故监控告警

1. 事故过程

（1）绕组变形。2020 年 8 月 17 日，220kV 变电站 3 号变压器（1998 年投运）差动保护、重瓦斯保护动作跳闸，监控告警。检查情况，解体发现中、低压侧绕组存在不同程度的变形，低压绕组绝缘纸碳化严重，见图 2-11。

（2）匝间导体断裂。2018 年 5 月 26 日，220kV 变电站 1 号变压器（1979 年 10 月投运）重瓦斯保护动作跳闸。油务员化验的离线油色谱中总烃含量为 4098.87μL/L，乙炔含量为 175.23μL/L，本体气体继电器内部有气体、呼吸器下方有少量新喷出的油迹。现场吊罩检查发现中压引出头正下方从上往下数 41 到 42 饼之间最外匝从外向内第 2～第 4 根断裂，故障点放电后烧损，中匝从外向内第 1、第 2 根断裂，见图 2-12。

图 2-11 低压绕组绝缘纸碳化照片   图 2-12 中压线圈 41 到 42 饼故障点照片

2. 技术分析

（1）3 号变压器跳闸事故，变压器内部绝缘老化导致中压侧 C 相突发匝间短路引起跳闸。该变压器 2016 年已列入技术改造更换计划，受变电站门口道路开挖影响未实施，2017 年 11 月 16 日，通过油色谱在线监测装置发现乙炔超标（9.53μL/L），运维单位仅采取缩短色谱检测时间等运维策略，未及时开展停电试验或检修，导致该故障的发生。

（2）1号变压器跳闸事故，变压器中压套管 A 相（加装有防污闪伞裙）与低压套管 C 相在大雨和偏西风天气下，水流沿加装的防污伞裙形成弧形水柱，落至低压 C 相套管，形成放电通道，起弧后因风向原因引发低压三相短路跳闸。该变压器抗短路校核中、低压侧均不合格，低压套管处未采取绝缘化处理，在经受大风降雨天气时，引发短路冲击导致变压器内部绕组变形损坏。

3. 技术监督结论

（1）针对 3 号变压器跳闸事故应采取的预防措施。对于 220kV 抗短路能力不足的变压器，加大技术改造大修力度，对于校核裕度小于 0.6 的，要加快开展整体更换、线圈改造等措施，提升变压器自身的抗短路能力，同时采取各项措施避免短路或减少短路对变压器的冲击。变压器近区短路后，应及时开展绕组变形试验，发现异常及时处置。对出现色谱异常的变压器及时停电开展诊断试验、检修。

（2）针对 1 号变压器跳闸事故，应采取绝缘子的防污闪的预防措施。开展变压器绝缘瓷套管的技术监督（巡视的放电声音、红外诊断）。开展变压器绝缘瓷套管的技术改造，喷涂 RTV 防污闪涂料。

（3）220kV 变压器绝缘老化引起匝间短路，应纳入老设备运行周期的管理课题。加强对老旧变压器的维护，严格按照基准周期开展例行试验，结合抗短路治理等专项工作逐步更换运行超 25 年变压器。套管的缺油、内部漏油原因引起受潮等也应引起重视。

（4）重视专家团队作用，对变压器设备实行全寿命周期管理，跟踪每台变压器的缺陷信息，分析变压器年限及抗力的运行数据（停运、退役条件），监控、管控新老设备的运行风险。

第三节　变压器事故处理技术监督

变压器设备运行事故处理，是一项跨多专业的技术运作。需要遵守事故处理原则，事故责任处置原则。针对变压器设备运行缺陷和不良工况，应进行异常状态分析、设备故障诊断等闭环管理，认真落实变压器设备运行反事故技术措施。变压器的故障分为内部故障和外部故障：内部故障为变压器油箱内发生的各种故障，其主要类型有各相绕组之间发生的相间短路、绕组的线匝之间发生的匝间短路、绕组或引出线通过外壳发生的接地故障等；外部故障为变压器油箱外部绝缘套管及其引出线上发生的各种故障，其主要类型有绝缘套管闪络或破碎而发生短路，引出线之间发生相间故障等而引起变压器内部故障或绕组变形。变电站值班员应掌握变压器间隔设备的运行方式、运行特点及工况变化对设备运行产生的影响，增强对变压器故障的判断能力，增强对变压器间隔一、二次设备的操作能力、事故处理能力。

一、变压器事故跳闸处理原则

（1）尽快限制事故的发展，消除事故的根源并解除对人身和设备安全的威胁，防止系统稳定破坏或瓦解，用一切可能的方法保持设备继续运行。

（2）事故的发生会由多种因素耦合而成，值班员应认真观察分析，采取果断措施处理事故。根据保护及自动装置动作情况，判明事故的性质和范围。迅速阻制事故的发展，消除事故的根源，解除对人身和设备的威胁。

（3）迅速隔离故障设备，检查相关设备是否过负荷，投入备用变压器，尽可能保持设备继续运行，保持对用户的供电。

（4）尽快对已停电的用户恢复供电，优先恢复站用电和对重要用户的供电。

二、变压器事故处理一般规定

（1）变压器设备发生事故，牵涉的一、二次设备类型较多，处理程序复杂、情况多变，应根据现场实际情况落实管控措施。应在值班调度员的统一指挥下，变电站站长与值班员进行事故处理，并迅速正确向调度报告事故情况。

（2）为了正确快速处理事故，减少事故损失，值班员应遵循事故处理原则及运行规程，进行一、二次设备的事故处理。事故处理完毕应及时向主管部门和调度员汇报处理情况。

（3）事故报告内容包括事故发生时间、负荷情况、继电保护动作及断路器跳闸情况、故障录波图及现场打印、事故原因分析、采取的安全措施。汇总材料应完整、准确、明了、整洁。

三、变压器运行异常分析

1. 声音异常

变压器属于静止设备，正常运行中发出连续的"嗡嗡"声，发出不均匀的间断响声则为异常现象。产生这种噪声的原因如下：

（1）励磁电流的磁场作用使硅钢片振动。

（2）铁芯的接缝和叠层之间的电磁力作用引起振动。

（3）绕组的导线或线圈之间的电磁力引起振动。

（4）连接在变压器的零部件松动引起振动。

2. 运行声音过大且均匀

（1）电网发生过电压、单相接地。

（2）变压器过负荷运行。

（3）变压器有放电声音。变压器内部放电使不接地的部件静电放电或分接开关接触不良放电。雨雾天气变压器套管表面有蓝色的火花或电晕放电。

（4）变压器内部有水沸腾的声音，且温度急剧变化，油位升高，则应判断绕组发生短路故障。

（5）变压器内部有爆裂声，则是变压器内部绝缘击穿，应立即停运检查。

（6）变压器内部有撞击声，可能是系统外来高次谐波造成。

3. 油温异常

（1）变压器内部故障引起温度异常。如：绕组匝间、层间短路，线圈对围屏放电，内部引线接头发热，铁芯多点接地或涡流增大。零序不平衡电流与油箱铁件形成回路。发生这些现象还将伴随气体保护、差动保护动作。还可能使防爆管或压力释放阀喷油。

（2）冷却器运行不正常引起温度异常。如：风扇损坏、潜油泵停运、散热管道积垢、散热器阀门未打开、温度计指示失灵。

4. 油位异常

（1）油标管堵塞、储油柜呼吸器堵塞造成假油位、油位过低。

（2）变压器严重漏油、缺油。

5. 颜色、气味异常

（1）接头、引线、线卡处过热，颜色变暗失去光泽。

（2）套管绝缘子污秽损伤产生臭氧味。

（3）呼吸器硅胶变色。

（4）附件、电源线、二次线接头及局部发热产生异味，或老化损伤造成短路。

（5）电机、接触器等烧损，产生焦臭味。

6. 不良工况

（1）出口、近区短路。

（2）过负荷、接头过热。

（3）绝缘老化，局部绝缘击穿、局部放电油中有气体、局部放电。

四、变压器运行反事故措施

变压器运行反事故措施是安全管理的重要内容，重点反映出人员管理、设备管理、生产管理的方法要点。变压器运行反事故措施如下：

（1）按照计划、周期进行带电检测（红外）、在线检测（油化验）。保供电期间加强值班，开展特殊巡视，发现变压器运行缺陷及时上报，确保变压器间隔设备的安全运行。

（2）根据变压器套管所处于污区情况进行防污闪，绝缘配置满足恶劣天气下的防范要求，采用红外诊断与人工巡视相结合的方法进行重点检测，预测缺陷发展趋势，消除薄弱环节。

（3）变压器间隔的一、二次设备编号及标识清晰正确，防止误操作。

（4）夏季防风雨，检查端子箱体的密封及门闭锁，电缆沟无积水，与变压器运行相关的高压室、继电保护室等生产房屋不漏雨。

（5）变压器设备缺陷纳入生产管理系统（PMS），实现消缺、建档、上报、处理、验收，一条龙闭环管理。

五、案例分析

案例1： 变压器套管缺陷判断及事故处理

1. 事故过程

（1）绝缘缺陷监督。

1）套管密封失效进雨水。某换流变压器的绕组差动、零序比差、换流变压器大差、小差保护、气体保护动作。经故障录波分析：C相接地故障，故障电流3.39kA，故障电压6.831kV，故障持续时间70ms。检查发现C相换流变压器压力释放阀冒油，换流变压器套管上部储油柜移位。解体套管将军帽，发现导电端镀银层有严重氧化、发黑现象，固定螺栓生锈且有残留水迹。套管电容芯有多处树枝状放电痕迹。故障原因为套管顶部密封完全失效，雨水自上而下渗入套管内，波纹管内有泥沙沉积，电容芯受潮，造成主绝缘击穿放电。

2）套管运行中受潮。1998 年某 110kV 变电站 2 号变压器，在预防性试验时发现高压测直流泄漏值严重超标，达 $160\mu A$，绝缘电阻降低，未进行处理即投入运行。运行后，在系统正常情况下，发生主绝缘击穿，套管爆炸事故。分析原因：套管运行中受潮，绝缘电阻下降，运行中发生主绝缘击穿。

3）修造厂干燥处理不彻底。1999 年某水电厂 1 号变压器气体保护、差动保护动作断路器跳闸，压力释放阀动作喷油，B 相高压套管上瓷套错位并喷油。事故原因：该套管是 3504（油纸）型电容型套管，1978 年出厂。运行中介质损耗增大（介质损耗为 0.3%），在修造厂进行干燥处理后，由于干燥不彻底，安装运行后三个月发生故障。

4）套管伞裙较小造成雨闪。2003 年某 500kV 变电站 1 号变压器（型号：DFPS1-250000/500，1986 年生产），差动保护动作跳闸（大雨），检查发现：C 相变压器 500kV 套管下部对法兰闪络放电。本套管有 4 个增爬裙，但由于引线处采取的分水措施伞裙较小，分水效果不太好，遇到急雨，套管表面积累的尘土污水落到套管外表面上，造成绝缘降低。事故后加大了分水伞裙，并采取了加装增爬裙和喷涂 RTV 措施。

5）套管密封不严漏水，造成线圈烧损。某 110kV 变电站 1 号变压器（SF-SZ9-31500/110 某变压器厂 2000 年 12 月生产，2001 年 12 月 25 日投入运行，套管为某电瓷厂生产）正常运行中，变压器差动保护动作，三侧断路器跳闸。原因为：高压套管顶部密封结构不合理，无防松措施，造成运行中密封不严漏水至器身内，导致线圈烧损事故。

（2）套管接头过热及密封不良。

1）锡焊接头过热熔化。1996 年 6 月 15 日，某发电厂联络变压器（500kV、250MVA，1980 年国外产品）正常运行中，变压器保护动作，跳开两侧断路器。检查发现 500kV 套管 A 相端部引线与接头间烧断，原因是接头为锡焊接，因过热熔化使引线脱落烧断，产生电弧。

2）材质缺陷铜管断裂。1999 年 7 月 20 日，某水电站 500kV 变压器（1992 年生产）运行中气体保护动作，中性点套管位移并严重漏油。停机检查发现：套管引线接头及导杆烧损严重，上端部铜管断裂。分析为材质缺陷及接触不良，导致严重发热。

2. 技术分析

(1) 绝缘监督。油纸电容式套管故障主要表现形式有设计结构或制造工艺不良、安装工艺不良等造成套管接头过热；将军帽端部严重发热造成密封失效（垫圈快速老化裂纹），局部渗油或下雨时进水，造成电容芯受潮放电。瓷套外绝缘雨中闪络或雾天发生污闪；末屏接地不良造成局部放电、油色谱超标。

(2) 导体接头过热预警（金属监督）。1980 年国外生产的 500kV 变压器端部引线烧断，原因是接头采用锡焊连接（设计缺陷）。1992 年生产的变压器套管引线导杆烧损断裂（材质缺陷）。另外，某 220kV 变压器运行中因为 110kV 线路接地跳闸（重合不成功），事故后检查发现中压侧套管根部断裂。套管质量不良，未能承受外部短路造成的冲击力。综上所述，反映的问题是设计制造缺陷和没有及时检测到接头发热。采用红外测温发现发热点后，即能及时预警采取补救措施。

3. 技术监督结论

(1) 变电站值班员应熟悉设备结构、原理，在发现设备缺陷后，应根据具体部位进行原因分析，对设备缺陷的发展趋势做出正确判断。

(2) 巡视设备应注意套管油位计（油标）显示的油位、油色变化。①通过油位计观察到套管的油色发黑、浑浊等现象，应判断套管内部放电或进水受潮；应进行套管油色谱和含水量分析。②套管油位的突变一般是因为渗漏引起，这种渗漏在套管外部无法找到迹象；可能是套管油从下节漏入变压器本体，对于油位异常的套管，应尽快安排停电检修。

(3) 变压器套管的瓷体绝缘水平和导电杆接线端是故障的高发部位，应重点监督。应重视不良状态信息，根据现象程度、量值大小及发展趋势，结合同类设备的比较，做出综合判断。

案例 2：变压器差动保护跳闸事故处理

1. 事故过程

某 110kV 室内变电站，两台变压器带 10kV 两条母线运行，迎峰度冬供电量急剧增加，变压器一次系统运行方式简图，见图 2-13。2013 年 12 月 7 日 19 时 1 号变压器差动保护跳闸，2 号变压器运行。变电站值班员检查现场，未发现明显故障点，怀疑是 110kV 组合电器内部故障。电气试验班与变电二次运检班人员也将重点放在组合电器内部，采用各种技术检测方法反复查找未发现异常，陷入纠结与停顿状态。运维检修部聘请专家到场，针对封闭式设备的隐蔽性，调整查找故障的思路及方法。专家的一句话提醒了大家："应该查找变压器与两侧主进断路器及 TA 之间的设备区域"。变电站值班员和保护班人员开始仔细查找 10kV 封闭式开关柜内设备。因为 1 号变压器差动保护跳闸，迫使2 号变压器满负载运行，尽快查找故障点，检修停运设备，显得尤为重要。同时，专家开始对运行中的 2 号变压器间隔设备进行红外测温。发现 102 主进断路器隔离触头和 TA 二次接线端子多处严重发热。从该问题也判断出跳闸的101 开关柜内应该存在相似的问题。当值班员打开 101 的开关柜门时，才发现隔离触头已经烧损，故障点被确定。于是迅速联系断路器厂家，千里之外急送烧损的同类型的部件。现场一边继续监督异常运行设备，一边加紧更换烧损的部件，紧急检修后变电站恢复正常运行方式。

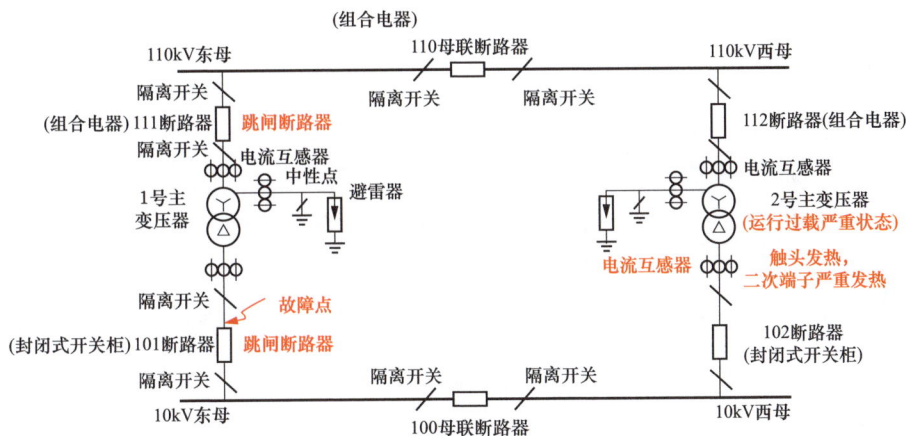

图 2-13　变压器运行一次系统示意图

2. 技术分析

（1）首先应理清差动保护内的故障查找思路，变压器主进线两侧 TA 之间设备是否有故障，应观察到位，试验到位，不可局限一处（认为故障在 110kV组合电器内、忽略了 10kV 开关柜内的故障可能性），而延误时间。

（2）组合电器、10kV 金属封闭式开关柜故障点存在隐蔽性，值班员在处理跳闸事故时，忽视设备运行关键部位，导致判断的误差。顾及一点造成判断的重心偏移，使故障点的查找时间延长，难度增加。

3. 技术监督结论

（1）经常开展变电运维检修专业的技术培训、技术考核、技术交流的必要性，达到熟悉规程、熟悉设备原理、熟悉事故处理程序的基本要求，增强应急能力。

（2）电网坚强，双电源、双回路的供电网络建设，保障用户供电的可靠性，调度管理资源具备处置突发事件的能力。

（3）该案例显示了技术监督的重要性，事故处理时思路应清晰，各项检查要到位，专家及领导应到位。术业专攻，资源共享。

案例 3：变压器机构箱进水造成直流接地事故处理

1. 事故过程

220kV 变压器主进 221 断路器操动机构箱门密封不严，雨天操动机构箱进水，221 合闸电源端子处发生直流接地。打开操动机构箱门，对断路器合闸电源端子受潮部位进行干燥处理，直流接地消失。检修人员处理 221 断路器操动机构箱门密封不严的缺陷。变电站值班员填写相关运行记录。

变电站值班员进行直流接地故障处理步骤如下：

（1）复归音响信号，检查"直流接地"光字牌亮。

（2）将直流绝缘监察装置电压开关切至直流母线正极对地，测量电压为30V；将直流绝缘监察装置电压开关切至直流母线负极对地，测量电压为 190V。

（3）做好值班记录，向调度值班人员汇报情况和故障特征，通知检修单位来站进行处理。

（4）首先检查蓄电池组及直流母线各接线处未发现异常，检查控制室、保护室二次设备未发现明显故障点，检查高压室的高压开关柜二次回路接线未发现异常。

（5）依次试拉事故照明回路、试拉主控室保护试验电源回路、试拉电能表远传直流电源回路、220kV 全部线路保护信号刀开关（将依次选择拉开的直流回路立即合上），接地信号没有消失。再依次试拉 35kV 合闸直流Ⅰ、Ⅱ回路、110kV 合闸直流Ⅰ、Ⅱ回路、220kV 合闸直流Ⅰ回路（将依次选择拉开的直流回路立即合上），直流接地均未消失。在选择拉开 220kV 合闸直流Ⅱ回路时，直流接地信号消失。判断直流接地故障点在 220kV 合闸直流Ⅱ回路，依次检查

220kV 合闸直流 Ⅱ 回路所带的各间隔断路器的端子箱、机构箱，发现 221 断路器机构箱门密封不严，进雨水后合闸电源端子受潮。值班员做好值班记录，汇报调度，并通知检修班来站处理机构箱密封不严的缺陷。

2. 技术分析

（1）雨天，变压器运行中容易出现直流系统对地绝缘降低或直流接地，其原因为：二次回路导线外层绝缘破坏、高压室等生产房屋漏雨水淋受潮、大雨中门窗进水二次设备受潮，接地点多出现在室外端子箱、断路器操作箱或保护盘及控制盘处。应根据天气状况、设备操作与检修情况、运行方式等判断接地点可能所在的范围，尽量减少的拉路情况下，迅速确定接地点位置。

（2）直流系统发生接地之后，直流母线的绝缘监测装置发出报警信号。变电站值班员应根据规程要求，尽快检查接地点的具体位置，并予以消除。当直流回路发生两点接地时，可能造成断路器的拒跳或误跳，复杂状态的直流接地应由直流专业人员进行查找。

（3）设计阶段对直流系统的接线应力求简单可靠，便于运行及维护，并能满足继电保护装置及控制回路供电可靠性的要求。

3. 技术监督结论

（1）变电站值班员采用"拉路法"，依次、分别、短时切断直流系统中各直流馈线来确定接地点所在馈线回路。先断开某一直流馈线，观察接地现象是否消失，若接地现象消失，说明接地电在被拉馈线回路中。

（2）"拉路法"顺序的原则是先拉照明回路及信号回路，后拉直流合闸等操作回路；先拉室外直流馈线回路，后拉室内直流馈线回路。

（3）断开每一馈线的时间不应超过 3s，无论接地是否在被拉馈线上，应立即合上。

（4）在拉路前应将直流消失后，容易误动的保护装置退出运行。例如：输电线路的纵联保护装置、高频保护等，在拉路之前，先与调度员联系，同时退出线路两侧的纵联保护。

（5）当用"拉路法"找不出接地点所在馈线回路时，可能原因如下：接地位置发生在充电设备回路中，发生在蓄电池组内部，或发生在直流母线上；直流系统采用环路供电方式，而在拉路之前没断开环路时；各直流回路互相串电或有寄生回路。

（6）查找接地注意事项：应由两人共同进行；应使用带绝缘的工具，以防造成直流短路或出现另一点接地；需要进行测量时，应使用高内阻电压表或数字万用表，表计的内阻不应低于 $2000\Omega/V$；办理第二种工作票，做好安全措施，严防查找过程中造成断路器跳闸事故。

第三章　变压器红外诊断技术监督

变压器运行中变电站值班员承担重要的安全责任，变压器红外诊断技术监督是值班员的重要工作之一。

变压器的发热故障分为外部故障与内部故障两类。根据变压器间隔设备发热机理的研究，从红外技术角度讲变压器运行中发热状态，分别为电流致热型故障、电压致热型故障。同时，从技术角度更深入地讲，红外热像对变压器套管接线端发热及绝缘子的污秽放电现象，可视性、数据性强，并取得显著技术监督效果。红外诊断技术则是对变压器设备导体承载能力、绝缘性能的一种加强，在变压器安全运行中发挥了独特的指导作用，以满足变压器设计标准和运行规程的要求，见图 3-1 和图 3-2。

图 3-1　变电站设备导体运行照片

图 3-2　变电站设备绝缘子运行照片

红外热像仪可以发现变压器设备各种热源分布位置；根据热像数据，确定判别缺陷和运行中变化规律，并预测发展趋势；依据变压器运行工况，完成对变压器的温度测量、分析、判断的过程叫红外诊断。红外诊断的原理是通过探测运行设备的发热红外辐射信号，获得设备的热状态特征，根据设备局部的热状态特征，做出故障属性的诊断。红外热像仪具有不需要停电、不接触，发现缺陷快捷、数据准确、缺陷部位成像等特点。红外热像技术覆盖面广，介入隐蔽部位的机理深刻，操作简便易学，获取数据准确快捷，安全生产效果显著。

第一节　变压器红外诊断普测（电流致热型设备）

变压器红外测温普测：即针对变压器设备易产生的发热缺陷，定期进行红外测温，发现和处理电流致热型设备缺陷。

一、变压器红外诊断普测特点

1. 红外诊断普测技术要点

（1）熟练掌握发热部位的定位方法。采取图像特征判断法进行判断并定位。

（2）熟练掌握不同金属材料的发射率。结合表面温度判断法、相对温差判断法进行温度数据的精确判断。

（3）熟练掌握全天候红外检测技巧。应尽量排除各种干扰因素（阳光、灯光）对热点温度与图像的影响。红外热像仪镜头不可对着太阳。

（4）设备缺陷图像采集后，应将红外热像保存在计算机和移动硬盘里，以便到计算机上进行分析。

2. "电流致热型"设备的红外诊断步骤

设备目标扫描、红外图像识别、发热部位温度读取、发热部位确定、缺陷图像锁定、发热图像存储、记录设备缺陷。

3. 电流致热型设备缺陷的判断依据

（1）危急缺陷。变压器套管金属部件的连接部位表面温度大于或等于130℃。

（2）严重缺陷。变压器套管金属部件的连接部位，表面温度大于或等于90℃。

（3）一般缺陷。①变压器套管金属部件的连接部位表面温度大于或等于70℃，温差10～15K；②变压器套管金属部件的连接部表面温度小于70℃时，温差小于10K，应记录在案加强监督，不必确定故障性质。

二、案例分析

案例 1： 变压器 110kV 套管导电杆过热红外诊断

1. 事故过程

红外测温发现某 220kV 变压器的 110kV 侧 A 相套管将军帽处发热，温度达 103℃，B、C 相均为 30℃（负荷电流 271A），见图 3-3。

2. 技术分析

（1）套管上部的接线端，是将变压器绕组引线连接到外部电路的关键点，其结构设计的接触面积与额定电流的大小有关。

（2）该变压器三相套管的温差大，发热缺陷严重，初步分析可能是套管将军帽丝扣没拧紧或导电杆与引线焊接不良造成的。停电检修发现，其导电杆与导电基座之间已熔焊，无法拆卸下来，随后决定将引线座整体进行锯割。经检查发现，由于导电杆的部分连接缺焊使接触电阻大，加上变压器负荷较大，套管引线座丝扣与导电杆因长期过热造成熔焊，见图 3-4。

图 3-3　变压器套管端部发热红外热像

图 3-4　变压器端部导体烧损照片

3. 技术监督结论

（1）该故障原因属于变压器出厂时安装质量问题。运行中由于未及时发现缺陷，出现套管导电杆的发热熔焊现象，增加了检修处置难度，也浪费了人力、物力、财力。

（2）重新更换了导电杆和引线座（接触部位进行磷铜焊接）。变压器修复投运后，对变压器套管进行复测监督。

4. 预防措施

（1）把好产品监造关，在出厂前及时发现隐患。

（2）把好验收关，对直流电阻的偏差要有敏感性。

（3）投运带负荷后要及时进行红外测温，比较三相的温差，发现异常及时处理。

（4）预防性试验关注直流电阻的微小变化，结合红外测温结果进行综合判断。

（5）运行中定期或不定期进行红外测温。

案例2：变压器间隔T线夹发热红外诊断（金属监督）

1. 事故过程

某变电站220kV变压器间隔龙门架引线T线夹发热，工程师采集了存在严重缺陷的红外热像，见图3-5。工程师采用数码相机长焦镜头、夜间配合闪光灯拍摄了高处T线夹照片，发现线夹已裂纹，见图3-6。根据变电站一次系统图的信息，记录变压器运行的电压、电流、环境温度等信息，完成了技术监督所需的图像及数据采集。据现场观察属于安装施工时T线夹压接质量不良造成的运行隐患。

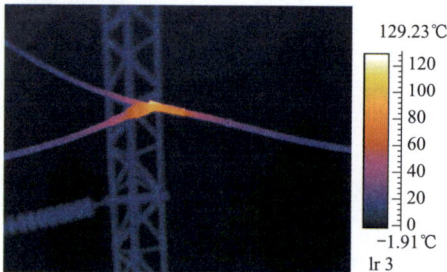

图3-5 引线T线夹发热红外热像

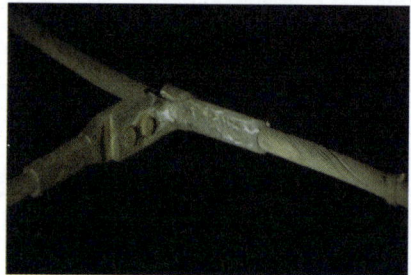

图3-6 引线T线夹裂纹照片

2. 技术分析

（1）T线夹对导体连接方式采用压接达到接触面紧固，属于固定电接触。但由于压紧力不足、铝金属的刚性不强，运行中随着电动力、风摆振动力对导线的作用，逐步产生线夹压接触面的松弛现象。

（2）线夹接触面松弛产生氧化层，造成接触电阻增大，在变压器较大运行电流的作用下严重发热。

（3）有关T线夹接触部位发热到熔化烧断的时间判断，须根据运行电流、发热点温度的变化、气温等条件综合判断。并根据实时红外测温数据链决定停电时机和状态检修策略。

3. 技术监督结论

(1) 本次技术监督使用红外热像仪、望远镜、长焦数码相机、强光手电筒等以适应各种环境的技术监督，取得良好的工作成效。

(2) 判定分析设备缺陷时，需要拍摄监控微机的变电站一次系统图及运行参数，收集与缺陷部位相关的运行电流、电压、接线方式、环境温度等主要数据。

(3) 在确定设备缺陷部位的金属性质后，对铝导线与铝线夹的特性进行研究分析；判断故障机理和故障发展趋势，确定预警级别。为转移负荷、后期停电、状态检修提供技术指导。

(4) 分析安装质量问题，属于安装试验阶段发生的质量问题，故障起始原因是压接工艺问题。正确的导线连接处的压接方法见图 3-7，安装时导线与线夹的尺寸应匹配；液压设备压接压力与线夹紧固的压力相符；用汽油及相关工具清除线夹各部件管内的油污、卷边、毛刺，涂电力复合脂，压接后还应进行后续处理检查。施工中导线局部轻微损伤，可在损伤中心的两端各量取补修管的长度，进行液压作业，以到达导线强度的设计要求。安装时需要纠正不良作业方法，设计时应重视压接部位金属结构的厚度、强度要求。引流管、线夹安装后、投运前可以采用 X 光检测技术，及时发现线夹在压接过程存在的质量缺陷。例如，安装现场发现导线压接不到位的 X 光照片，见图 3-8。

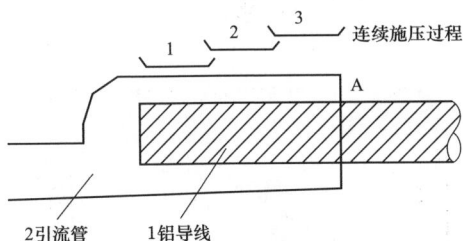

图 3-7 铝导线引流管压接示意图

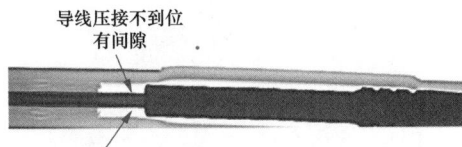

图 3-8 导线压接不到位 X 光照片

案例 3：变压器主进开关柜内部发热红外诊断

1. 事故过程

变电站值班员对变压器 10kV 侧主进断路器开关柜进行红外测温，发现开关柜的表面温度高于其他开关柜温度 10℃。根据 DL/T 664—2016《带电设备红外诊断应用规范》的"图像特征判断法"，发现该开关柜的红外热像明显变成橘红色（正常部位浅蓝色）见图 3-9，开关柜可见光照片见图 3-10。通过对开关柜间接的温度现象判断，该开关柜内部存在严重发热点。停电后发现隔离触头的 B 相动、静触头部位接触不良，造成温度升高，见图 3-11。沿着此线索继续分析导电回路结构的原因，发现开关柜内隔离静触头与基座的连接不良，见图 3-12 和图 3-13。

图 3-9　开关柜的表面温度高红外热像

图 3-10　开关柜运行可见光照片

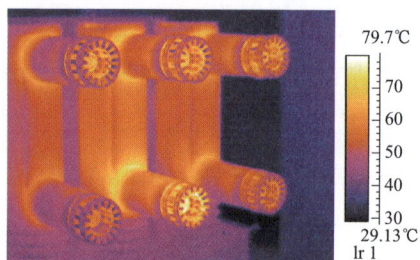

(a)

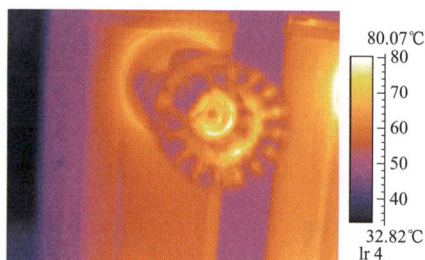

(b)

图 3-11　开关柜内隔离触头发热红外热像

（a）三相；（b）B 相

图 3-12　开关柜内隔离静触头照片

图 3-13　隔离静触头连接基座照片

2. 技术分析

（1）存在于安装质量问题，触头基座固定螺丝紧固力不足，造成触头底座与导电杆的连接不良。由于设计原因（应采用两个螺栓固定），触头底座用一只 M12 的螺栓紧固在导电静触头。由于接触面不足、压力不足，形成导电回路接触电阻产生过热。

（2）技术改进措施：需要重新紧固螺丝，并检查其紧固力矩是否合格；增加触头固定螺丝个数，改进设计存在的问题（属于家族缺陷）。设计时应考虑螺栓与固定基座的机械强度、适应运行环境。

3. 技术监督结论

（1）对封闭式高压开关柜的内部发热缺陷，可以采用红外测温方法，发现一些难以发现的隐蔽缺陷，红外技术监督方法值得借鉴。

（2）封闭式高压开关柜的内部发热缺陷如果不能及时发现，在电网迎峰度夏、迎峰度冬的大负荷运行期间，会演变为发热故障造成断路器跳闸，甚至造成火烧连营的严重事故。

第二节 变压器红外诊断精确测温（电压致热型设备）

变压器红外诊断精确测温：即针对变压器、高压套管、氧化锌避雷器等设备，存在深层次的发热缺陷，利用红外热像对变压器设备不同部位温度差别的敏感性，发现和处理电压致热型设备缺陷。

一、变压器红外诊断精确测温特点

1. 红外诊断精确测温技术要点

根据电压致热型设备缺陷特点，针对变压器、高压套管、氧化锌避雷器等设备内部故障发热，针对设备绝缘子表面放电，引起的热像异常，表面温度升高。其技术要点如下：

（1）应熟练掌握发热部位的定位方法。采取图像特征判断法进行定位。

（2）应熟练掌握不同材料的发射率。结合表面温度判断法进行"温差"数据的精确判断。

（3）应熟练掌握全天候红外检测技巧。排除各种干扰因素（阳光、灯光）

对热点温度与图像的影响，选择在夜间或阴天时进行红外检测。

（4）设备缺陷图像采集后，应将红外热像保存在计算机和移动硬盘里，以便到计算机上进行分析。

2. "电压致热型"设备红外诊断步骤

设备目标扫描、红外图像识别、发热部位温度读取、发热部位确定、缺陷图像锁定、发热图像存储、记录设备缺陷。

3. 电压致热型设备缺陷判断及处理方法

电压致热型设备的缺陷一般定为严重及以上的缺陷。严重缺陷是指设备存在局部过热，程度较重，温度场分布梯度较大，"温差"较大的缺陷。

电压致热型设备缺陷应尽快安排处理。应加强监测并安排其他试验手段，进一步确定缺陷性质。缺陷性质确认后，立即采取措施消缺。当缺陷明显变化时，应立即消缺或退出运行。应纳入设备缺陷管理的范围，按照设备缺陷管理流程进行处理。

二、案例分析

案例 1：变压器箱体局部发热故障红外诊断

1. 事故过程

变电站值班员进行设备巡视与红外测温，发现 1 号变压器箱体局部发热，红外热像异常温度最高为 108℃，见图 3-14 和图 3-15。

图 3-14　变压器箱体局部照片

图 3-15　变压器局部温度异常红外热像

2. 技术分析

变压器漏磁通产生的涡流损耗会引起箱体局部发热，通过连续跟踪和综合分析，分析原因：漏磁通变大，产生涡流，引起局部发热。最终确定为变压器箱体磁屏蔽层缺陷引起发热（属老旧变压器）。

3. 技术监督结论

（1）对该变压器进行大修，吊罩检查并修复磁屏蔽层，防止因局部过热加速绝缘老化。

（2）缩短变压器油色谱分析周期，跟踪油中气体成分变化情况。

（3）《国网变压器全过程技术监督精益化管理实施细则》的变压器验收：（金属材料导磁性能）电气类设备金属材料的选用应避免磁滞、涡流发热效应，套管支撑板等有特殊要求的部位，应使用非导磁材料或采取可靠措施避免形成闭合磁路。

案例 2：变压器低压侧 10kV 避雷器内部故障红外诊断

1. 故障过程

红外诊断显示某变电站变压器 10kV 主进线侧的避雷器运行温度异常。环境温度 22℃，红外热像显示避雷器的区域发热温度 32℃，见图 3-16 和图 3-17。

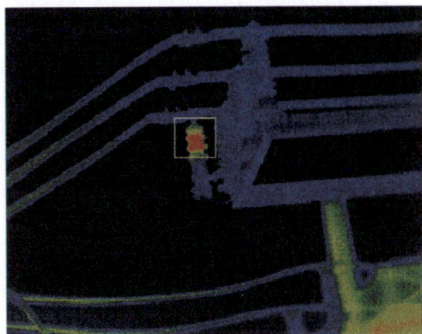

图 3-16　内部受潮避雷器红外热像　　　图 3-17　内部故障避雷器可见光照片

2. 技术分析

运行中红外诊断分析，避雷器内部受潮，造成泄漏电流增大，导致避雷器内部发热。

3. 技术监督结论

（1）停电后进行高压试验，发现该避雷器泄漏电流 $500\mu m$，运行值超标，进行更换处理。

（2）购置质量良好（品牌厂家）的避雷器，注重装配工艺，加强质量验收。

案例 3：变压器主进 10kV 侧穿墙套管涡流发热红外诊断

1. 故障过程

红外测温发现某 110kV 变压器（31.5MVA）主进 10kV 侧穿墙套管基座涡流发热，红外热像显示局部温度高，发热点为图像发亮部位，最高温度达 103℃，见图 3-18。

2. 技术分析

根据"表面温度判断法"判断穿墙套管发热故障。由于穿墙套管安装施工时，穿墙套管基座内无局部断口，电流效应原因使穿墙套管基座形成闭环，造成运行中涡流发热。由于迎峰度夏供电负荷集中，10kV 母线电流约 2500A，电流越大涡流造成的发热越严重，减少供电电流，则涡流造成的发热就会降低。

3. 技术监督结论

（1）穿墙套管的局部高温可能加速绝缘子的老化等不良发展趋势，是安全运行的隐患。应加强红外测温和运行监督巡视，保证穿墙套管运行状态在可控范围。

（2）适当调整 10kV 母线的供电电流，制定状态检修计划，尽快实施检修。

（3）设备安装验收环节，注意 10kV 侧穿墙套管基座的开口，防止运行中产生涡流发热。重点检查变压器至 10kV 套管连接处的各部位螺栓紧固良好，防止接头处接触不良发热，见图 3-19。

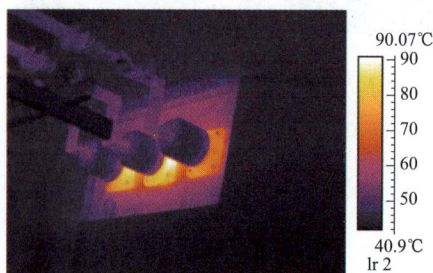

图 3-18　穿墙套管基座涡流发热红外热像　　图 3-19　穿墙套管各连接点发热红外热像

第三节　变压器间隔设备绝缘子防污闪红外诊断

绝缘子防污闪红外诊断是一项先进的诊断技术，在遵从试验数据分析和处置的原则下，对绝缘子的运行状态的认定程序已取得显著效果。绝缘子的巡检项目包括：位置、外观、电气连接、机械连接部位，红外热像检测，界面击穿、绝缘下降、绝缘电阻值等项目。

充分利用红外诊断技术及采用传统的检测方法，综合实现了复合（瓷）绝缘子电气性能的健康与退化状态评估，红外诊断起到了防污闪的关键性作用，其互联运作的内容如下：

（1）传统的绝缘子污秽度评估和自然积污试验获得了重要结论，有利于对变电站绝缘子的附盐密度监测数据的统计分析，预测和预防外绝缘表面污秽程度及发生污闪的风险。

（2）开展复合绝缘子的憎水性、憎水性迁移特性、憎水性丧失特性和憎水性恢复时间测定，界面试验（水煮、陡坡试验），机械破坏负荷试验。

（3）瓷绝缘子防污闪技术措施：经过现场采取调爬、防污、涂 RTV（防污闪涂料）等多项措施后，减少了停电清扫次数。

（4）根据绝缘子的设计数据，根据污秽实测值，换算现场污秽度评估，绘制地区污区图。研究运行经验积累方法：曾耐受的最大现场污秽度，或曾闪络的最小现场污秽度。

（5）利用红外热像的"温差"数据，判断绝缘子的缺陷类别，确定状态检修目标。

一、变压器间隔设备绝缘子运行维护

1. 绝缘子的作用

变压器间隔设备绝缘子用来支持和固定带电导体并与地绝缘，或作为带电导体之间的绝缘。在雨、雾天气，污秽（损伤）绝缘子表面泄漏电流增大并产生局部放电，空气间隙会突然失去绝缘性而变成导电通道，这种现象称为气体放电（沿面放电），110kV 瓷绝缘子闪络放电现象见图 3-20，室内 220kV 穿墙套管绝缘子污秽局部放电红外热像，见图 3-21。因此，变压器间隔设备绝缘子

是红外技术监督的重点监测对象。

图 3-20 瓷绝缘子（110kV）
闪络放电照片

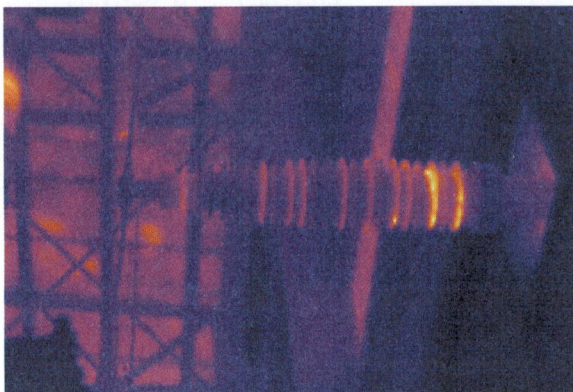

图 3-21 室内 220kV 穿墙套管绝缘子红外热像

2. 绝缘子巡视检查项目

（1）支持绝缘子表面应清洁，瓷质部分无破损和裂纹和放电现象。

（2）悬式绝缘子表面无破损、裂纹和放电现象，金具无生锈、损坏、缺少开口销。

（3）雨、雾天气，绝缘子表面无电晕和放电现象。

3. 绝缘子故障特征

（1）瓷质绝缘子。故障特征：①低值绝缘子发热（绝缘电阻在 10～300MΩ）。热像特征：正常绝缘子串的温度分布同电压分布规律，即呈现不对称的马鞍型，相邻绝缘子温差很小，以铁帽为发热中心的热像图，其比正常绝缘子温度高。②雨雾天气污秽瓷绝缘子红外诊断"温差"数据及局部发热，红外热像特征异常。

（2）复合绝缘子。故障特征：在绝缘良好和绝缘劣化的结合处出现局部过热，随着时间的延长，绝缘子表面发热部位会扩展移动。热像特征：伞裙破损或芯棒受潮，局部发热及红外热像特征异常。

4. 绝缘子防污闪红外诊断步骤

设备目标扫描、红外图像识别、发热部位温度读取、局部放电部位确定、缺陷图像锁定、局部放电图像存储、记录设备缺陷。

5. 雨雾天气污秽瓷绝缘子红外诊断"温差"缺陷判据

雨雾天气污秽瓷绝缘子红外诊断"温差"缺陷判据见表 3-1。

表 3-1 雨雾天气污秽瓷绝缘子红外诊断"温差"缺陷判据

序号	设备类型	故障特征	一般缺陷	严重缺陷	危急缺陷	临界闪络
1	悬式瓷绝缘子	裂纹、破损、污秽,瓷盘热区	1~4K	4~8K	8~12K	12~16K
2	套管、支柱瓷绝缘子	污秽、破损,局部热区	1~4K	4~8K	8~12K	12~16K
雨雾天气室外污秽瓷绝缘子红外诊断"温差"缺陷判据,复合绝缘子可以参考执行	(1) 0.5K 及以下为异常运行状态,以此为基础建立原始档案。 (2) 严重缺陷到现场检查放电声音、火花、外观照片采样,配合高压试验。 (3) 危急缺陷应有事故应急预案。 (4) 支柱绝缘子事故概率较高,"温差"判据应适当保守,早期采取措施,消除缺陷					

二、绝缘子运行机理及红外诊断成果

1. 电场微观放电特性

气体中游离与去游离的在电场的发展过程将决定气体的击穿和绝缘状态。

气体带电质点游离的基本形式:碰撞游离,光游离,热游离。当游离因素大于去游离因素时,最终导致气体击穿。

气体去游离的基本形式:漂移,扩散,复合,吸附效应;当去游离因素大于游离因素时,最终使气体放电过程消失并恢复为绝缘状态。气体原子的激发和电离产生过程,见图 3-22。通过施加能量而激发后,形成了光子和自由电子的加速运动过程,促进了放电发展。电荷在电动势作用下在正负两极间,做电场气息空间电子运动,电荷在空间电场会发生畸变,见图 3-23。数码相机拍摄到的高压试验中绝缘子的局部放电现象,见图 3-24。雾天的瓷绝缘子局部放电拍摄的红外热像,清晰地显示了绝缘子表面高压电场的微观放电现象,见图 3-25。

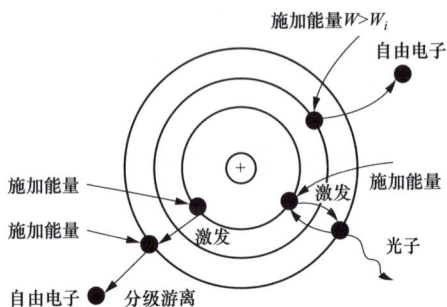

图 3-22　气体中带电质点的产生和消失示意图

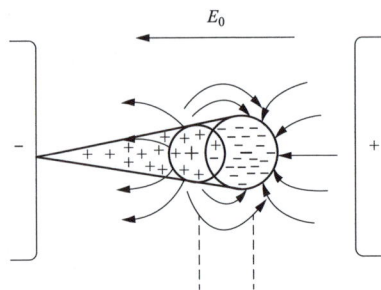

图 3-23　电荷空间电场畸变的电子崩示意图

图 3-24　绝缘子电场局部电弧可见光照片

图 3-25　雾天的瓷绝缘子局部放电红外热像

2. 绝缘子防污闪红外诊断成果

根据电场放电理论研究，不同类型的绝缘子防污闪措施，应采取不同的策略。而红外热像用可视、可统计的方式，发现了潮湿环境污秽绝缘子表面（泄漏电流形成的局部电弧）产生的温度变化，这种现象反映了绝缘子表面电场强度的变化，是对污秽绝缘子放电程度变化过程的客观描述，弥补了停电再进行绝缘子高压试验，查找绝缘子放电原因的不足。绝缘子防污闪红外诊断成果简介如下：

（1）变压器间隔设备的绝缘子在雨雾天气易发生污闪事故，可以用红外热像进行有效技术监督。根据 DL/T 664—2016《带电设备红外诊断应用规范》，采用"图像特征判断法""相对温差判断法"识别绝缘子的热像故障特征，对绝缘子表面的温度场分布仔细观察，辨别异常区域。然后，根据"电压致热型设备缺陷诊断判据"和"温差"数据判断缺陷性质。严重缺陷应结合绝缘子运行年限、放电声音、放电火花状态进行综合判断。

（2）运行中绝缘子的绝缘电阻在污湿环境（雨雾）发生改变，因此，泄漏电流增大，造成绝缘子表面温度升高，红外热像可以捕捉到绝缘子表面的温度变化数据。对绝缘子的红外检测属于带电检测，不同于高压试验的方法、试验条件需要固化（干燥、停电）。红外技术专家曾说："红外诊断判据的方法研究中，湿度、雨量、雾浓度和污秽等级等有多维变量，使检测试验的重复性难以保证，且判断结果要能够验证，难度不小"。所以，对绝缘子表面温度变化的判断，必须以可靠数据为基础。雨雾天气，我们在变电站采集的大量绝缘子（正常、异常、故障状态）红外热像，发现了绝缘子的温度变化规律，用表格方式固化了绝缘子运行状态缺陷判据（正常、异常、缺陷、预警状态），见表 3-1。

（3）高压试验通过测量绝缘子（需要停电后）的绝缘电阻或泄漏电流，判断绝缘子是否裂纹或脏污；对雨雾天气运行的污秽绝缘子，目前高压试验方法不能完成泄漏电流的监测。红外热像可以通过"红外热区分布"和计算"温差"的方法，判断运行中绝缘子的脏污程度和间接判断泄漏电流的大小。表 3-1 所列新的绝缘子缺陷判据，保持与 DL/T 664—2016《带电设备红外诊断应用规范》取值方法相一致（但取值条件不同），并增加了判断标准对恶劣环境的适应范围，从实战中总结了绝缘子故障的显著特点（温差值），并考虑了共性缺陷的警示范围。把握雨雾天气绝缘子的特殊环境运行特点，开展绝缘子运行缺陷的技术诊断，这是中国电力系统绝缘子防污闪的创新案例。这种红外技术创新方法，是对"绝缘子防污闪重大反事故措施"工程的独特贡献。

三、案例分析

案例 1： 变压器低压侧 10kV 瓷绝缘子红外诊断

1. 故障过程

（1）红外热像发现瓷绝缘子运行温度异常。变电运行专责工程师在变电站巡视设备时，发现变电站 1 号变压器 10kV 母线铝排至高压室穿墙套管之间瓷绝缘子放电声较大，通过采集瓷绝缘子的红外热像，发现有一瓷绝缘子红外热像异常，局部最高温度达 57℃，正常瓷绝缘子温度 38℃，（运行电压 10.3kV），见图 3-26。随即向值班调度员申报Ⅰ类紧急缺陷。工程师用绝缘操作杆举起捆绑的数码相机，拍摄到故障瓷绝缘子表面严重损伤，结构松散，电场已严重侵蚀瓷体内部，表面放电遗留物形成散布性的通道，见图3-27。

图3-26　损伤瓷绝缘子故障红外热像

图3-27　损伤瓷绝缘子表面状态照片

（2）巡视设备发现瓷绝缘子异常声音。变电站值班员巡视设备时，听到1号变压器10kV母线铝排至高压室穿墙套管之间瓷绝缘子有轻微的放电声，进行红外测温，发现多处瓷绝缘子红外热像温度异常，汇报调度员申报缺陷。停电检修时，拍摄到故障瓷绝缘子表面显示出上下贯通性裂纹，属于绝缘子生产制造质量问题（家族性缺陷），见图3-28和图3-29。

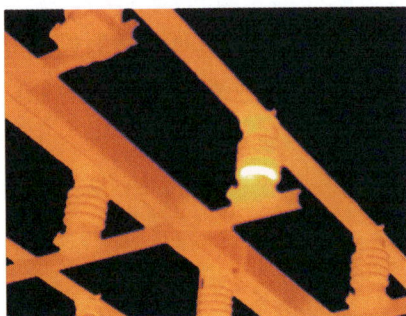

图3-28　裂纹瓷绝缘子故障红外热像

图3-29　裂纹瓷绝缘子表面状态照片

2. 技术分析

根据红外热像对异常运行瓷绝缘子"热区"的发现，依据热区的温度值及运行中电压、泄漏电流、电阻、电容的分布，制作了"瓷绝缘子红外热像放电热区电工原理模板"，见图3-30。污秽瓷绝缘子泄漏电流产生的温度数据，符合雨雾中污秽绝缘子现场运行客观规律。

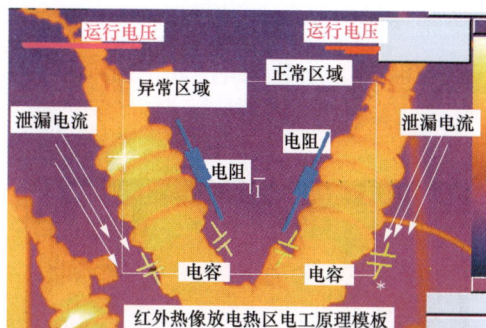

图 3-30 瓷绝缘子红外热像放电热区电工原理模板

图 3-30 释义：根据公式：电流 I＝电压 U/电阻 R。雨雾中污秽瓷绝缘子发热由三部分组成：一是电介质在工频电压作用下极化效应发热；二是内部穿透性泄漏电流发热；三是表面爬电泄漏电流发热。当瓷绝缘子性能良好时，其发热主要是第一项；当瓷绝缘子劣化、瓷件开裂、瓷体表面积污，会使泄漏电流加大，致使瓷绝缘子表面的局部温度升高。正常瓷绝缘子的泄漏电流通常在几微安到几十微安（μA），在空气潮湿的环境中能达到几百微安，而严重污秽的瓷绝缘子或劣质瓷绝缘子的泄漏电流为几十毫安，甚至几百毫安。雨雾中污秽瓷绝缘子的表面层绝缘电阻值高低，决定了泄漏电流的大小，也是决定瓷绝缘子是否会闪络的根本因素。根据实验和长期的经验我们把泄漏电流超过40（mA）毫安的绝缘子初步判为劣质绝缘子。

3. 技术监督结论

（1）由于红外热像仪可在远离目标的地面或空中测量，且不受高压电磁场的干扰，无须停电，并收到了符合绝缘子运行实际的诊断效果，从而得到了广泛的应用和发展。

（2）红外监督监督发现绝缘子隐患，进行有计划的状态检修，避免了应急事故处理造成的各类损失，提高了变电站设备安全管理水平和设备运行可靠性。

案例 2：穿墙套管瓷绝缘子危急缺陷红外诊断

1. 事故经过

某 110kV 室内变电站 1999 年 9 月投运。变电站两台变压器，共运行四组进线与出线的 110kV 穿墙套管。2012 年 3 月 22 日，大雾天气红外诊断发现变压器间隔的穿墙套管瓷绝缘子红外热区明亮，"温差"超标，放电声音异常，并有间断放电火花，已经演变为危急缺陷，见图 3-31。申请调度值班员停电后，喷涂 RTV 防污闪涂料，安全运行至今。

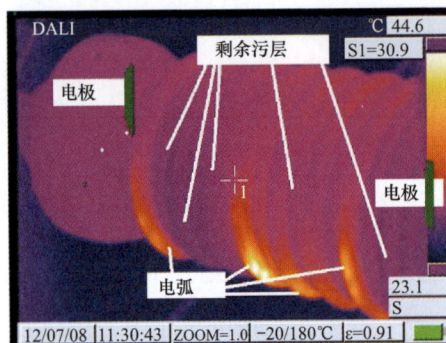

图 3-31　瓷绝缘子表面发热区电弧红外热像

2. 技术分析

（1）理论分析的绝缘子表面电弧发展过程模板显现：绝缘体结构、电极、局部电弧、剩余污层。绝缘子表面电弧发展过程见图 3-32。雨雾天气污秽绝缘子表面污层在高电压的作用下，泄漏电流逐步增大，绝缘电阻变小，在绝缘子表面形成多处局部放电热区，严重时并能听到放电声音或看到瓷裙间的放电火花。在局部电弧的侵蚀下，绝缘子表面剩余污层逐步较少，在不能支撑绝缘功能时，形成绝缘子表面的闪络放电。这种状态红外热像所采集的图像和温度数据与电弧发展的理论分析相一致。红外热像和理论计算和高压试验的结论相一致，并且判断快速、可视性强，结论更富于客观性。

图 3-32　绝缘子表面电弧发展过程示意图

（2）"DL/T 664—2008《带电设备红外诊断应用规范》"绝缘子缺陷诊断判据，未规定雨雾天气绝缘子表面在不同温度状态下的缺陷诊断判据。其中"电压致热型设备缺陷诊断判据"表 B.1 规定，瓷绝缘子污秽故障特征：由于表面污秽引起绝缘子泄漏电流增大,"温差"0.5K,为严重缺陷。但是,绝缘子实际运行状态的"温差"还有很多更高温度的缺陷数据,需要采集和确定判断标准。

(3) 根据变电站现场红外诊断经验发现:雨雾天气污秽瓷绝缘子故障特征为热区明显、"温差"大。污秽绝缘子从异常运行到严重缺陷到临界闪络,各级瓷绝缘子缺陷判据总结如下:一般缺陷:1~4K;严重缺陷:4~8K;危急缺陷:8~12K;临界闪络:12~16K。缺陷绝缘子的故障特征:支柱、悬式瓷绝缘子裂纹、破损、污秽,瓷盘热区有黑色放电痕迹。复合绝缘子有白色放电痕迹。放电声音的"音差"10dB 及以上,"温差"0.5 及以下为异常运行状态,并以此为基础建立原始档案。支柱瓷绝缘子事故概率较高,"温差"判据应适当保守。

3. 技术监督结论

(1) 红外热像具有可视性、数据化,是现场技术监督预报绝缘子故障的切入点和有效方法。红外诊断技术为绝缘子运行状态的故障机理、故障发展过程、故障的周期,提供了可靠参考数据。绝缘子严重缺陷的程度应根据变电站现场检查声音、火花、外观照片采样,结合高压试验而决定;遇有危急缺陷时,应采取转移负载,抢修准备工作,等事故应急预案。

(2) 实践证明:输变电设备绝缘子的运行环境是复杂多变的,晴天与雾天的污秽绝缘子运行中的温度变化不同,且差距较大。据现场总结经验得知:晴天(清晨表面潮湿)红外热像也能监督到破损、老化、裂纹、低值、零值的绝缘子;但红外热像在晴天(绝缘子表面干燥)不能检测到污秽绝缘子的异常信息。当然,雨雾天气破损、老化、裂纹、低值、零值的绝缘子发热会更严重,个体缺陷绝缘子会呈现局部发热现象;雨雾天气运行的污秽绝缘子,有可能呈现批量及大面积发热现象,能看到这种特殊现象并加以及时预警、预防,是红外热像技术效果的独到之处。

(3) 进行瓷绝缘子表面显微镜微观物质分析,研究瓷绝缘子污秽闪络的机理,正常绝缘子表面与异常绝缘子表面现象,显微镜照片见图 3-33~图 3-36。采用绝缘子闪络后的显微镜照片看出闪络后瓷绝缘子与新瓷绝缘子表面物质(表面颜色、分子结构)相比,已经发生显著变化。

图 3-33　瓷绝缘子表面物质正常显微镜照片

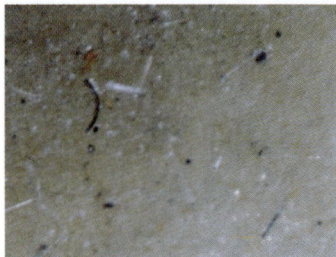

图 3-34　瓷绝缘子表面水分桥接显微镜照片

图 3-35　瓷绝缘子表面污秽物显微镜照片

图 3-36　闪络后瓷绝缘子表面显微镜照片

（4）红外诊断技术具有全天候、不需停电的特点。雨雾天气可以随时检测、预报、监督秽绝缘子运行的严重缺陷；达到预防污闪事故的可控、在控、能控的功能。同时，绝缘子防污闪的各类技术监督（光学、声学、高压试验等）还有较大的发展空间。红外、紫外等技术监督已呈现出良好的工程应用价值，希望能够引起各级技术监督部门的重视。

（5）规范技术监督数据报送（某省电力公司技术监督会议要求供电公司报告冬季绝缘子防污闪技术监督数据）。各单位要高度重视技术监督月报质量，分级把关，逐级审核，强化发现问题核查。避免问题描述不准确，将日常专业管理问题作为技术监督问题报送。严格将技术监督报告作为工程送电的必要条件，投运一个工程，提交一份不同天气条件下的绝缘子技术监督数据报告。

案例 3： 变压器间隔绝缘子防污闪红外诊断

1. 事故经过

（1）严重污染绝缘子局部放电。1996 年 12 月，某化工厂排放碱性污染物，造成变电站 110kV 变压器高、中、低三侧套管显示出刷状放电声严重，并可以看到群体间的放电火花。值班员及时汇报调度，进行停电处理，先用擦机布反复清擦变压器瓷套管，清洁后送电，但瓷套管整体的放电现象仍未消除。墙外是氯碱化工厂排放强碱、强酸气体，污染严重。经过认真分析后，采用对瓷套管喷水清洗的方法，瓷绝缘子表面涂硅油，彻底消除套管化学残留物，送电后故障消除。

（2）喷涂 RTV 防污闪涂料 10 年运行的红外诊断技术监督。2012 年 3 月，红外技术监督发现某 220kV 变电站和临近的 110kV 变电站的绝缘子存在污秽闪络隐患。变压器间隔设备的穿墙套管瓷绝缘子和悬式瓷绝缘子放电严重，见图 3-37～图 3-39。工程师报缺陷进行异常状态预警，后该 110kV 变电站和 220kV 变电站的变压器间隔等设备瓷绝缘子，喷涂 RTV 防污闪涂料后运行正常。2012 年 3 月该变电站设备瓷绝缘子喷涂 RTV 后，至 2021 年 12 月（经历 10 年运行），雾天对该变电站变压器及穿墙套管进行红外诊断（10 年），显示瓷绝缘子运行红外热像正常，见图 3-40。红外技术监督完成了对变压器间隔设备绝缘子防污闪措施的闭环管理，并取得显著安全成效。

图 3-37　雾天变压器间隔设备运行照片

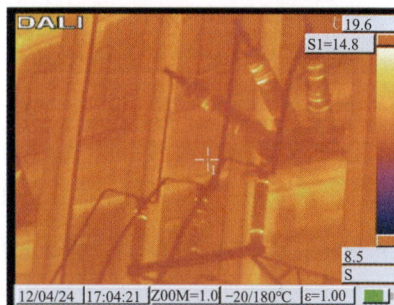

图 3-38　雾天变压器间隔瓷绝缘子
放电红外热像

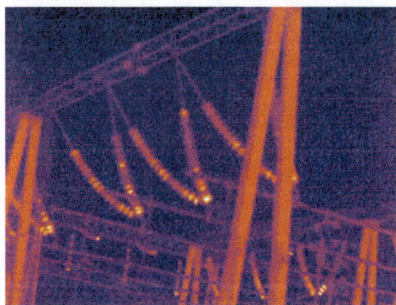

图 3-39　雾天悬式瓷绝缘子放电红外热像

图 3-40　雾天变压器间隔穿墙套管
涂 RTV 防污闪涂料 10 年后（技术监督）
正常运行红外热像

2. 技术分析

(1) 变电站外部严重的化学物质污染，造成变压器套管及间隔设备瓷绝缘子污秽放电。

(2) 瓷绝缘子清扫后，运行中继续放电，是因为瓷绝缘子的亲水性原因，使瓷绝缘子在湿润环境下绝缘程度减弱。

(3) 涂硅油和喷涂 RTV 防污闪涂料是在瓷绝缘子表面建立了憎水性机制。

(4) 复合绝缘子憎水性强、防污闪性能良好，使电力系统大面积污闪事故得到有效控制。

3. 技术监督结论

(1)〔2013〕《国网运检部关于印发输变电设备防污闪技术措施补充规定的通知》对运行满 3 年的防污闪涂料，应按照相关规定进行抽查，对不满足要求的及时覆涂。在水泥厂、化工厂等重污秽地区，粉尘污染特别重的地区及海边，应加强复合外绝缘表面（复合绝缘子、RTV 涂层）外观检查和憎水性检测。发现不满足要求的，应及时更换。

(2)《国网十八项电网重大反事故措施》（2018 修订版）7.1.1：新、改（扩）建输变电设备外绝缘配置，应以最新版污区分布图为基础。综合考虑附近的环境、气象、污秽发展和运行经验等因素确定。

(3)《国网关于印发防止变电站全停十六项措施（试行）的通知》〔2015〕，要高度重视变压器套管、穿墙套管等套管类设备防污（雨、雪）闪工作，D 级及以上污区在冬季时应增加清扫频次；要根据套管情况采取喷涂防污闪涂料、安装增爬裙等措施，以防止绝缘子上出现连续粘雪、覆冰。红外诊断与高压预防性试验紧密结合，防止绝缘子污闪事故。

(4) 雾天红外诊断工程师对变压器瓷套管轻微放电机理的研究。雾天对 220kV 变电站变压器套管瓷绝缘子进行红外诊断，发现变压器间隔龙门架上部的悬式瓷绝缘子局部放电严重，见图 3-39。处于同一设备区的变压器高压、中压、低压的三侧瓷套管绝缘子放电区域则较轻。产生这样差距应该与变压器运行的温度有关系，在温度的作用下变压器套管绝缘子表面不容易形成湿区。我们知道：绝缘子污闪的三个必要条件：电压、污秽、潮湿。冬季低温及大雾天气造成污秽绝缘子表面凝露，在运行电压作用下形成污秽绝缘子的局部放电。虽说不能用暖风吹散绝缘子的湿区，但变压器上部的套管绝缘子实际有暖风循环的效果。可见变压器的运行温度较环境温度高，在稳定的温度场作用下，使瓷套管表面水分量减轻（不凝结露水），才会使套管表面的放电区域效果减弱。数据证明：红外热像技术确定绝缘子的缺陷部位和性质，数据清晰、完整。红外热像诊断是对传统预防措施（绘制污区图、爬距设计、附盐密取值、高压试验等方法）的有效补充。

案例4：迎峰度夏红外机器人连续监测变压器温度

1. 故障过程

2022年8月7日，迎峰度夏供用电负载大，作为城市电网运行中心的某500kV变电站承担着重要供电任务。为了实时监督变压器等重要设备安全运行，根据环境温度和大负荷的变化，采用机器人在不同时段，进行红外热像检测。红外热像显示500kV变压器局部温度正常，见图3-41～图3-44。500kV变电站是城市电网运行的枢纽，变电站设备的巡检在安全运行维护方面起到重要的作用。根据国网《输变电设备运行规范》的有关要求，设备巡检主要分为例行巡检和特殊巡检。如：在高温、大负荷运行和新投入设备运行前及风雪、雾天、冰雹、雷雨后，需进行特殊巡检。红外机器人技术的发展，对变电站进行设备巡检已成为发展趋势。

图3-41　红外机器人可见光照片

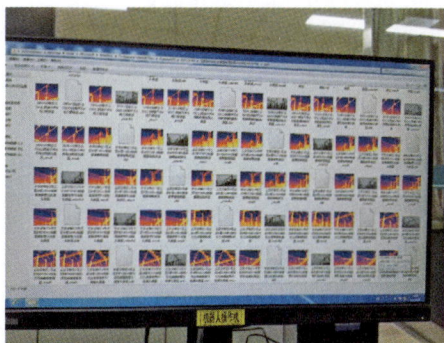

图3-42　红外机器人拍摄图像数据信息管理照片

2. 技术分析

（1）系统供电负荷大时，变压器运行温升高，存在导电回路的电流致热型设备发热缺陷，需要及时发现并进行管控处理。

（2）巡视检查变压器散热系统、油温运行正常。

图 3-43 红外机器人拍摄的变压器套管红外热像   图 3-44 变压器运行可见光照片

（3）发现设备发热缺陷，自动报警，减轻人工监视的负担。

3. 技术监督结论

（1）红外机器人在完成定位、充电、通信模块的程序准备后，根据激光定位导航模块规划的线路，进行变电站一次系统的设备位置的自动巡视测温，完成红外测温任务。在迎峰度夏（度冬）的高负荷期间，红外机器人及时发现变压器设备发热缺陷。所以，应重视红外机器人的程序管理、数据存储、运行维护。

（2）红外机器人的优点：①减轻人员的作业强度、无白天黑夜的时间段限制，（夏季避免人员在高温天气中暑）；②图像及温度数据记录全面、规范、内存实用强大，随时可调取查阅分析；③无人工近电作业时的意外伤害风险（雾天监督绝缘子局部放电），特别是对重大缺陷的监督和恶劣天气现场故障的判断分析。

（3）红外机器人的缺点。①暂无二次设备巡视功能，因为微机保护屏、端子箱等属于封闭状态，红外热像不能隔着铁皮、玻璃进行测温；②龙门架、母线设备的接头连接部位发热的红外数据与实际状态有差别。因为高空距离远，红外热像的大小和温度都与近距离红外测温有明显差别，红外测温时的温度数据比实际温度低。这样会影响缺陷等级的准确定性，所以，完成封闭状态、高空设备线夹准确温度数据检测功能，需要人工进行远距离目标红外测温数据的有效补充。

第四章　变压器绝缘技术监督

变压器绝缘技术监督，属于电气试验专业管理作业范围，主要目的是监测变压器设备的内部放电缺陷及绝缘子防污闪等，是变压器状态评估的重要技术手段。变压器的故障诊断类型有：绝缘整体受潮、器身内有金属接地等缺陷、线圈故障、铁芯故障、分接开关故障、绝缘油故障等。正确掌握各类试验方法、判据、结果，是电气试验专业的必备工作程序和基本功。变压器绝缘技术监督包括变压器交接试验、变压器预防性试验、变压器诊断性试验、变压器局部放电试验等主要项目。各种试验各有特点，通过各类试验，可以发现变压器运行的各种缺陷（家族缺陷），预测内部的潜伏性故障。通过变压器绝缘技术监督，对于正确评估变压器的状态，分析缺陷原因，研判、预控设备故障的发展趋势是重要的技术依据，可以有效预防变压器运行事故。

第一节　变压器交接试验

交接试验是指对新投设备、大修设备按照有关规程、标准及产品技术条件进行的试验。交接试验对鉴定、考核变压器主绝缘的局部缺陷（绕组受潮）、套管污秽放电、局部受损裂纹等具有良好的效果。新设备在投入运行前的交接验收试验，用来检查设备产品有无缺陷，运输中有无损坏。新设备的交接试验在出厂试验的基础上进行，用高压试验的方法，检验每台产品出厂试验报告的正确性。试验目的在于检查产品设计、制造、工艺的质量，防止不合格产品进场。进场变压器设备的交接试验分为绝缘试验和特性试验。

一、绝缘试验与特性试验

（1）绝缘试验。绝缘试验分为非破坏性试验和破坏性试验。

　　非破坏性试验是在较低电压下，用不损伤设备绝缘的办法来判断绝缘缺陷的试验，如绝缘电阻吸收比试验、介质损耗因数 $\tan\delta$ 试验、泄漏电流试验、油色谱分析试验等。这类试验对发现缺陷有一定的作用，但由于电压较低，发现缺陷的灵敏性还有差距。

　　破坏性试验用比较高的试验电压考验设备的绝缘水平，如交流、直流耐压试验。优点是易于发现设备的集中性缺陷，是考核设备绝缘水平有效的方法；缺点是由于电压较高，个别情况下给被试设备造成一定损伤。为避免对绝缘造成损伤乃至击穿，非破坏性试验合格之后才能进行破坏性试验。例如：互感器受潮后，绝缘电阻、介质损耗因数 $\tan\delta$ 试验不合格，但经过烘干处理后绝缘仍可恢复。若在未处理前就进行交流耐压试验，将可能导致绝缘击穿，造成绝缘修复困难。

　　(2) 特性试验。特性试验主要是对电力设备的电气或机械方面的某些特性进行试验。如变压器的直流电阻、断路器导电回路的接触电阻，互感器的变比、极性，断路器的分合闸时间、速度及同期性等。

二、案例分析

案例 1：变压器套管交流耐压试验

1. 事故过程

一台 110kV 变压器额定容量 31.5MVA，运到变电站现场进行交流耐压试验，当试验电压升到 70kV 时变压器套管发生闪络。变压器套管结构见图 4-1。

2. 技术分析

交流耐压试验是鉴定变压器套管绝缘强度有效的方法，特别是考核变压器主绝缘的局部缺陷（绕组受潮），套管污秽、局部受损裂纹等具有良好的效果。

3. 技术监督结论

(1) 加强变压器套管在运输途中的安全防护措施。

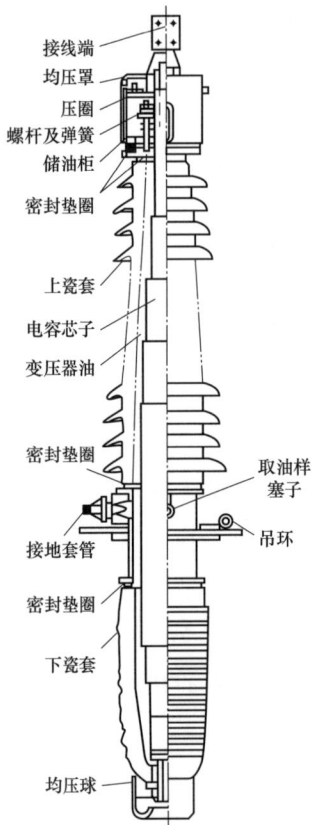

图 4-1　变压器套管结构示意图

接线端
均压罩
压圈
螺杆及弹簧
储油柜
密封垫圈
上瓷套
电容芯子
变压器油
密封垫圈
取油样塞子
接地套管
吊环
密封垫圈
下瓷套
均压球

（2）变电站运行的变压器进行套管清扫、加油、高压试验时接线等工作，注意防止脚踏绝缘子和工具对套管绝缘子造成的损伤。

案例 2：变压器监造阶段技术监督

1. 事故过程

（1）铁芯制作缺陷。

1）铁轭钢拉带与上夹件短接。某 SFZ-90MVA/110kV 变压器投运 3 个月，内部发生电弧性放电，本体气体保护动作跳闸。经吊罩查找发现上铁轭不锈钢拉带与夹件固定处的绝缘件过短，变压器运行中不锈钢拉带与上夹件短接，产生放电形成短路所致。

2）下铁轭处遗留硅钢片。某 SFSZ-50MVA/110kV 变压器新投运半年，发生本体轻瓦斯动作报警。停电试验发现该变压器铁芯多点接地，后吊罩检查发现，在下铁轭与夹件处（高压侧）有一像硬币大小的硅钢片，该硅钢片将铁芯与夹件短接，有明显的过热及放电痕迹。追溯到变压器制造厂，该硅钢片在铁芯制作过程中，冲剪工艺孔时因模具钝化产生黏连而遗留在铁芯中。

3）撑棒受污染丧失绝缘性能。某 ODFS-334MVA/500kV 变压器，运行中发现该变压器油色谱数据异常，按 IEC 三比值编码为 002，即热性质故障。经返厂检查发现，高压侧主柱铁芯表面的一处铁芯片，与下铁轭上表面 450mm 处一根撑棒接触表面有发黑痕迹，其碳化部分长度 100mm。经分析认为，该撑棒因受到污染或腐蚀而丧失绝缘性能，在与铁芯片接触后在铁芯端形成局部涡流，逐步发展为热性质故障。

（2）线圈制作缺陷。

1）导线焊接点开焊。某 110kV 变压器现场安装时，发现高压侧绕组直阻超标，B 相直阻数值无法测出，经返厂处理，发现高压绕组导线焊接点开焊。

2）绕组匝间绝缘不良。某 SZ-6.3MVA/35kV 变压器，投运合闸冲击时差动保护动作跳闸。经吊芯检查发现，高压 A 相绕组中部有匝间放电现象，下部散落少许铜渣，该变压器高压 A 相绕组匝间绝缘不良是导致匝间短路放电。并且绕组导线为普通换位导线，导线宽厚比不合理；绕组撑条根数较少，绕组强度较差，该主变压器抗短路能力不足。

3）匝间虚高凸显。某 SFPSZ-240MVA/220kV 变压器，投运不久突发出口短路，该变压器内部产生电弧性放电，绕组严重变形、烧毁。经解体查证原因为：低压绕组绕制完成后干燥及压紧环节，工艺控制出现失误，造成 A 相虚高凸显而导致的安匝不平衡，变压器出口短路产生的巨大电动力，是变压器绕组严重变形并烧毁的原因。

（3）绝缘制作缺陷：

1）低压绕组局部碳化形成放电通道。某 SFZ-50MVA/110kV 变压器，制造厂在进行雷电冲击试验时，高压 A 相发生主绝缘击穿。检查发现击穿部位在 A 相绕组下端，由高压绕组下部垫块与低压绕组形成蛇状碳化放电通道，击穿点处的铜导线轻度受损。故障原因：该产品设计欠缺，导致绕组端部场强分布不合理。

2）绕组绝缘角环严重破损。某 SFSZ-40MVA/110kV 变压器，运行中本体气体保护动作跳闸，本体油色谱数据严重超标，按 IEC 三比值编码为 122，判断为放电性故障。变压器返厂检修发现，高压 C 相绕组上部有明显放电点，上部撑条明显高出绕组本体，使其上部压紧安装的绝缘角环严重破损，使变压器运行时绕组上部的局部场强及绝缘性能变差。该变压器制造工艺质量缺陷，是故障原因。

3）储油柜胶囊平衡阀密封不良。某 ODFPSZ-400MVA/500kV 变压器，投运后本体油中含气量逐渐增长且超标。经检查，该变压器储油柜胶囊平衡阀及胶囊安装法兰密封部位，均存在密封不良的现象，这是造成油中含气量增长的原因。

4）套管将军帽密封失效。某 SSZ-50MVA/110kV 变压器投运一年后，本体气体保护及差动保护动作跳闸，绕组纵绝缘击穿电弧性放电。经分析查证，该变压器所用的油纸电容型套管将军帽密封胶垫与密封槽的配合欠佳，套管将军帽密封失效进水是变压器绕组纵绝缘击穿放电的原因。

5）绕组内径的绝缘纸槽脱落。某 SFSZ-50MVA/110kV 变压器进行耐压试验时有放电现象，经检查发现，高压绕组内径侧暗换位处的绝缘纸槽脱落，该部位在换位时产生剪切力对导线绝缘造成损害，绝缘薄弱是产生放电的原因。

2. 技术分析

变压器监造阶段应为安装试验阶段、运维阶段创造良好的条件，厂家的制造质量可靠性是变压器安全运行的基础。变压器制造的各种质量因素把控十分重要，例如：各种材料的前期选择、设计标准、制造性能的质量元素，施工工艺技术操作要求，这给厂家现场规范管理和监理工程师的旁站监督提出更高要求。

3. 技术监督结论

（1）变压器的技术研究和制造安装，应遵循科学性、先进性、专业性的原则，对图纸设计、技术标准、制作工艺的管理具有可操作性。上级部门应对制造厂家的质量提出严格要求，提高变压器制造人员的专业技术水平，提倡精益求精的大工匠精神。

（2）依据 DL/T 586—2008《电力设备监造技术导则》，加强电力变压器监造的规范管理，提升监造工作水平，确保产品的制造质量。固化监造工作的基本流程，比如：工序节点、隐蔽工程、关键试验验收点、供货合同的质量标准，违约责任、现场见证监督检查，完成设备通用技术条件的落实应用。

（3）变压器在监造阶段遗留的部分缺陷，会给安装试运阶段、运维阶段造成安全运行隐患，增加检修试验专业的工作量和运维处置费用。安装试运阶段应严格把关，找出存在的问题；运维阶段应开展状态检测，及时发现缺陷。与变压器运行维护的相关专业应各尽职责，例如：油务化验专业能准确判断变压器的内部缺陷；变电二次运检专业应保证变压器故障时微机保护可靠动作，切除故障点；变电检修专业应保证变压器运行的额定工作能量；变电运维专业应保证正常巡视、操作、事故处理的准确性和及时性；运维检修部管理专业应在计划、协调、人财物等方面为变压器运行提供必要条件保障。

（4）开展上游物资集约化管理，提升物资供应管控能力和效率，提高入网设备质量。变压器的事故原因分析和处理，应关联厂家的效益和延迟订货手续等。出现家族性缺陷应通报系统各单位，便于及时吸取同类事故教训。造成重大经济损失的，应追究制造厂家和监造单位负责人的相关责任。

第二节　变压器预防性试验

变压器预防性试验是指对变压器运行的试验条件、试验项目、试验周期，所进行的各类高压试验。试验对变压器在制造、运输、安装、检修过程，因不良工序、不良操作而残留的潜伏性缺陷，进行故障诊断分析。通过预防性试验，可以正确评估变压器的状态，分析缺陷原因，研判、预控设备缺陷与故障的发展趋势。

一、绝缘电阻、吸收比和极化指数

1. 试验目的

测量绕组连同套管的绝缘电阻及吸收比或极化指数，对检查变压器整体的绝缘状况具有较高的灵敏度，能有效地检查出变压器绝缘整体受潮、部件表面受潮或脏污以及贯穿性的集中性缺陷，如瓷件破裂、引线接壳、器身内有金属接地等缺陷。

测量套管主绝缘及电容型套管末屏的对地绝缘电阻是初步检查套管的绝缘情况，可以发现高压套管瓷套裂纹、本体严重受潮以及电容型套管的小套管（末屏）绝缘劣化、接地等缺陷。

2. 试验方法及步骤

绝缘电阻、吸收比和极化指数的测量要使用绝缘电阻表（手摇式和数字式）。根据不同的被试品，按照相关规程选择适当输出电压的绝缘电阻表。绝缘电阻表精度不小于 1.5%。对电压等级 220kV 及以上且容量为 120MVA 及以上变压器测试时，宜采用输出电流不小于 3mA 的绝缘电阻表。绝缘电阻的测量包括绕组连同套管的绝缘电阻的测量，电容型套管主绝缘和末屏对地绝缘的测量。

测量绕组绝缘电阻时，应依次测量各绕组对地和对其他绕组间的电阻值。测量时被测绕组各相引出端应短路后再接至绝缘电阻表，其余各非测量绕组应短路接地，这样能有效地避免非测量绕组中剩余电荷对测量结果的影响。

绝缘电阻表的接线端子"L"接于被试设备的高压导体上，接地端子"E"接于被试设备的外壳或接地点上，屏蔽端子"G"接于设备的屏蔽环上，以消除表面泄漏电流的影响。被试品上的屏蔽环的接线，见图 4-2。屏蔽环可以用熔丝或软铜线紧绕几圈而成。

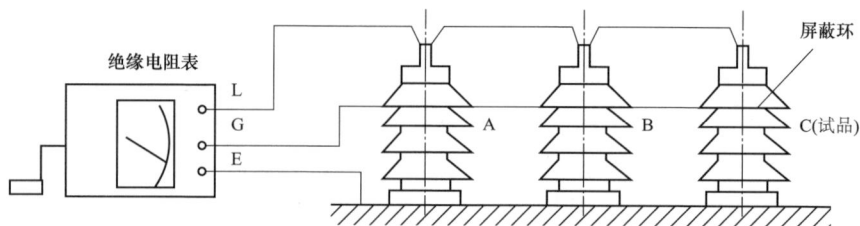

图 4-2 屏蔽环的安装位置示意图

对于额定电压为 1000V 以上的绕组，用 2500V 绝缘电阻表进行测量，其量程一般不低于 10000MΩ；对于额定电压为 1000V 以下的绕组，用 1000V 或 2500V 绝缘电阻表进行测量。对电容型套管，应采用 2500V 绝缘电阻进行测量。

试验步骤：

（1）将被试品断电，充分放电并有效接地；检查绝缘电阻表是否正常，并选择被试设备相应的测量电压挡位；按测试项目要求接线，注意由绝缘电阻表到被试品的连线应尽量短。

（2）检测中绝缘电阻表到达额定输出电压后，待读数稳定或 60s 时，读取绝缘电阻值，并记录。若测量绝缘电阻阻值大于 10000MΩ，不需要测量吸收比和极化指数。

（3）需要测量吸收比和极化指数时，分别在 15s、60s、10min 读取绝缘电阻值 R_{15s}、R_{60s}、R_{10min}，并做好记录，用下列公式进行计算：吸收比＝R_{60s}/R_{15s} 极化指数＝R_{10min}/R_{60s}

（4）读取绝缘电阻值后，如使用手摇式绝缘电阻表应先断开接至被试品高压端的连接线，然后将绝缘电阻表停止运转。如使用全自动式绝缘电阻表应等待仪表自动完成所有工作流程后，断开接至被试品高压端的连接线，然后将绝缘电阻表停止工作。

（5）测量结束时，被试品还应对地进行充分放电，对电容量较大的被试品，应先经过电阻放电再直接放电，其放电时间不应少于 5min。另外，电容型套管应将末屏及时恢复。

3. 试验结果的分析判断

油浸式电力变压器、电抗器、SF_6 气体变压器，铁芯绝缘电阻大于或等于 100MΩ（新投运 1000MΩ）且与以前试验结果比较无明显变化；绕组绝缘电阻无显著下降，吸收比大于或等于 1.3 或极化指数大于或等于 1.5 或绝缘电阻大于或等于 ≥10000MΩ。110kV 及以上套管主绝缘的绝缘电阻值不应低于 10000MΩ。110kV 以下套管主绝缘的绝缘电阻值 L 屏蔽环不应低于 5000MΩ，电容型套管末屏对地绝缘电阻不应小 1000MΩ。

所测得的绝缘电阻的数值若低于一般允许值，应进一步分析，查明原因。如果吸收比和极化指数有明显下降，说明其绝缘受潮或油质严重劣化。

由于温度、湿度、脏污等条件对绝缘电阻的影响很明显，因此对试验结果进行分析时，应排除这些因素的影响，特别应考虑温度的影响。刚退出运行的变压器，应等30min后，使绕组温度与油温接近时再测量，并应以顶层油温作为绕组温度。测量时如果空气相对湿度在80％以上，则应采用屏蔽法测量。新注油或换油的变压器静止5～6h，待气泡逸出后再进行测量。

二、泄漏电流

1. 试验目的

泄漏电流测量的试验原理和作用与绝缘电阻试验相似，只是试验电压较高，用微安表直接测量，因而测量灵敏度较高。它能较灵敏有效地发现套管密封不严进水，高压套管有裂纹等其他试验项目不易发现的缺陷。

2. 试验方法及步骤

直流试验用的设备通常有高压直流发生器、直流电压测量装置、保护电阻、直流微安表及控制装置等组成。泄漏电流测量部位与测量绝缘电阻的部位相同，并将非被试绕组短路接地，再向被试绕组施加直流试验电压进行测量。油浸式电力变压器直流泄漏试验电压标准见表4-1。

表 4-1 油浸式电力变压器直流泄漏试验电压标准

绕组额定电压（kV）	3	6～10	20～35	66～330	500
直流试验电压（kV）	5	10	20	40	60

试验步骤：

（1）首先进行接线，将被试品的测量绕组短路，非测量绕组短路接地。注意高压引线与设备及人员的安全距离，试验仪器金属外壳应可靠接地；

（2）将试验设备连接好，用屏蔽线通过高压微安表接至被试设备；

（3）将调压按钮调至零位，打开电源开关开始升压，升压过程中要呼唱。升至额定电压后读取1min测试数值，然后降压，记录测试数值及油温、环境温度、湿度；

（4）测试完毕后，关闭电源开关按钮，拉开电源单相刀闸，用放电棒对被试设备充分放电，放电后将升压器一次接地，然后进行倒线或拆线；注意拆除被试品的所有短接线。

3. 试验结果的分析判断

将测量数据与历次试验数据（或产品出厂试验数据）相互进行比较作出分析判断。泄漏电流值随温度变化而变化。为了便于比较，应将在不同温度下测量的泄漏电流，值换算到同一温度下（20℃）进行比较。应尽量在相同温度下测量泄漏电流值，以减少换算过程中的误差，可根据表4-2列出的参考值比较。

表 4-2　　　　　油浸式电力变压器绕组直流泄漏电流参考值　　　　　单位：μA

额定电压 （kV）	试验电压 （kV）	10℃	20℃	30℃	40℃	50℃	60℃	70℃	80℃
2～3	5	11	17	25	39	55	83	125	178
6～15	10	22	33	50	77	112	166	250	356
20～35	20	33	50	74	111	167	250	400	570
63～330	40	33	50	74	111	167	250	400	570
500	60	20	30	45	67	100	150	235	330

三、介质损耗因数 $\tan\delta$

1. 试验目的

测量绕组连同套管的介质损耗因数 $\tan\delta$ 的目的，可以检查变压器绝缘是否受潮、油质劣化、绝缘上附着油泥及严重局部缺陷等。它对局部放电、绝缘老化与轻微缺陷则反应不灵敏。

$\tan\delta$ 测量高压套管（电容型），是判断电容型套管绝缘状况的重要手段。由于套管体积较小，电容量较小（几百皮法），因此测量 $\tan\delta$ 及电容量，可以灵敏地反映套管劣化受潮及电容芯层局部击穿、严重漏油、小套管断线及接触不良等缺陷。

2. 试验方法及步骤

介质损耗测试主要有西林电桥、M 型电桥和电流比较型电桥。目前应用较多的是数字化介质损耗因数测试仪，要求其介质损耗因数 $\tan\delta$ 在 $0\sim0.1$，10kV 试验电压下，电容量的内施法测量范围不小于 40000pF。

绕组连同套管的介质损耗因数 $\tan\delta$ 测量时，绕组额定电压为 10kV 及以上的变压器，试验电压为 10kV；绕组额定电压为 10kV 以下者，试验电压不应超过绕组额定电压。测量宜在顶层油温低于 50℃ 且高于零度时进行，应确认高压套管外绝缘表面清洁、干燥，确保测量数据准确。以智能介质损耗之损耗测试仪为例对试验步骤进行简述：

（1）记录顶层油温和空气相对湿度，检查电容量及介质损耗测试仪是否正常。

（2）被试验变压器充分放电后，将测量绕组短路，非测量绕组短路接地。测量绕组连同套管的介质损耗因数 $\tan\delta$ 选择反接方式，测量高压套管 $\tan\delta$ 及电容量选择正接方式，完成试验接线并检查确认接线正确。

（3）根据绕组类型设置试验电压值 10kV。套管介质损耗正接线时，如果试验电压加在套管末屏的试验端子，则必须严格控制在设备技术文件许可值以下（通常为 2000V，否则可能导致套管损坏）。升压至试验电压后，读取并记录电容值和介质损耗值。

（4）降压至零，然后断开电源，充分放电后拆除接线，恢复被试设备试验前接线状态，结束试验。

3. 试验结果的分析判断

（1）一般应在缘电阻与泄漏电流试验完毕之后进行介质损耗因数的测量，试验时可一次升到试验电压，也可以分段加压，以观察不同电压下介质损耗因数的变化。

（2）由于电源频率对介质损耗因数有影响，因此，试验电源频率偏差应小于 5%。

（3）为消除测量引线的影响，应尽量缩短引线长度。

（4）介质损耗因数 $\tan\delta$ 也受温度的影响，最好在常温（10~40℃）的条件下测量，否则应将测量结果换算到同一温度下进行比较，见表 4-3。

表 4-3　　　　　　　　介质损耗角正切值 $\tan\delta$ 温度换算系数

温度差 t_2-t_1（℃）	5	10	15	20	25	30	35	40	45	50	55	60
换算系数 A（%）	1.15	1.3	1.5	1.7	1.9	2.2	2.5	2.9	3.3	3.7	4.6	5.3

电力变压器介质损耗因数换算公式为

$$\tan\delta_2 = \tan\delta_1 \cdot 1.3^{(t_2-t_1)/10} = \tan\delta_2 \cdot A$$

四、交流耐压试验

交流耐压试验是在变压器上施加一个高于其额定电压的交流电压，来考核其承受电压能力的试验。由于交流电压的波形、频率和在被试品绝缘内部的电压分布，符合电气设备运行时的实际情况，因此能有效地发现绝缘缺陷。但交流耐压试验是一项破坏性试验，如果非破坏性试验已表明绝缘存在缺陷，则必须查明原因并消除后，再进行破坏性试验。

1. 试验目的

交流耐压试验是检验变压器绝缘强度最直接、最有效的方法，对发现变压器主绝缘的局部缺陷，具有决定性的作用。如绕组主绝缘受潮、开裂或者在运输过程中，由于振动引起绕组松动、移位，造成引线距离不够，油中有杂质、气泡以及绕组绝缘上附着污物等情况。

2. 试验方法及步骤

常规交流耐压试验为工频交流耐压试验，但由于一般电力变压器容量大，对试验电源的容量和试验设备容量的要求高，现场试验条件很难满足。此处采用行业中较为成熟的串联谐振的方式简述交流耐压试验，见图4-3。

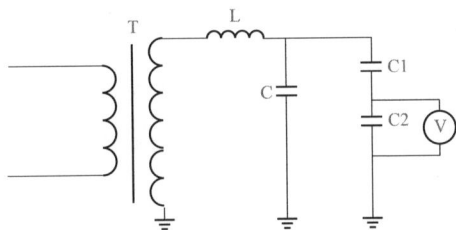

图 4-3　串联谐振回路原理接线图

T—励磁变压器；L—电抗器；C—被试品电容；C1、C2—电容分压器高、低压臂；V—电压表

回路总电容为 C，感抗 $X_L = 2\pi fL$，容抗 $X_C = 1/2\pi fC$，当 $X_L = X_C$ 时，回路中发生谐振，此时的电源频率为谐振频率 $f_0 = 1/(2\pi\sqrt{LC})$，此时被试品即变压器上的电压

$$U_C = U_L = X_L U/_R = X_C U/R = QU$$

式中：U 为励磁变压器出口电压；R 为回路中等效电阻包括电抗器的内阻 R_L 和电容器的等效损耗电阻 R_C 之和；Q 为品质因数。

现场试验时采用通过调频电源装置调频的方法，即当电抗器和电容固定时，通过改变试验电源频率来达到所需的电压。试验步骤如下：

（1）耐压试验前，应先进行其他常规试验，合格后再进行耐压试验。被试绕组的所有端子短接，非被试绕组应短接并与外壳连接后接地，完成试验接线并检查确认接线正确。

（2）接通试验电源，开始升压进行试验，升压过程中应密切监视高压回路，监听被试品有何异响。

（3）升压必须从零（或接近于零）开始，切不可冲击合闸。升压速度在75％试验电压以前，可以是任意的，自75％电压开始应均匀升压，均为每秒2％试验电压的速率升压，升至试验电压，开始计时（60s）并读取试验电压。

（4）计时结束，降压然后断开电源。并将被试侧绕组放电并短路接地；耐压试验结束后，进行绝缘试验检查，判断耐压试验是否对变压器绝缘造成破坏，同时油浸式变压器耐压后应进行油色谱分析。

3. 试验结果的分析判断

对变压器进行交流耐压试验时，必须在绝缘油处于静止状态，气泡充分逸出后才能进行。否则在耐压试验过程中会引起放电，造成判断上的困难。3～10kV 的变压器油需静止 5h 以上，110kV 及以下变压器油需静止 24h；220kV变压器油需静止 48h；500kV 变压器油需静止 72h，以避免耐压时造成不应有的绝缘击穿。油浸电力变压器的套管、人孔等所有能放气的部位都应打开充分排气，以避免由于残存空气而降低绝缘强度，导致击穿或放电。不同电压等级电力变压器试验电压参照表 4-4。

表 4-4　　　　　　　电力变压器交流试验电压

额定电压（kV）	最高工作电压（kV）	线端交流试验电压值（kV）		中性点交流试验电压值（kV）		
		油浸式变压器（电抗器）	干式变压器（电抗器）	中性点接地方式	出厂	交接
10	12	28	28	—	—	—
35	40.5	68	56	—	—	—
66	72.5	112	—	—	—	—
110	126	160	—	不直接接地	95	76
220	252	(282) 316	—	直接接地	85	68
				不直接接地	200	160
330	363	(368) 408	—	直接接地	85	68
				不直接接地	230	184
500	550	(504) 544	—	直接接地	85	68
				不直接接地	140	112

五、绕组直流电阻试验

1. 试验目的

直流电阻试验可以检查出变压器绕组内部导线、引线与绕组焊接部分的焊接质量，分接开关接触是否良好、各分接位置是否正确，引线与套管的接触是否良好，并联支路的连接是否正确，有无层间短路或内部断线的现象等。同时，它是变压器短路特性试验的参考数据。因此，在交接、大修后，以及运行中更换分接头位置后，都必须进行该项试验。

2. 试验方法

变压器绕组直流电阻的测量方法有压降法（伏安法）和平衡电桥法。压降法测试比较简单，但准确度不高，灵敏度偏低。平衡电桥法常用的有单臂电桥和双臂电桥两种，单臂电桥常用于测量 1Ω 以上的电阻，双臂电桥能消除引线和接触电阻带来的测量误差，适宜测量准确度要求高的小电阻。现场多采用直流电阻测试仪进行测试。

试验步骤：

（1）对变压器进行放电，正确记录绕组运行分接位置、设备温度（变压器上层油温）及环境温度；变压器及试验设备接线，并确认接线正确，试验前拆除被试品接地线。

（2）仪器上选定接线方式后，进行直流电阻测量，记录试验数据。

（3）结束测试，断开试验电源，对被试变压器充分放电并短路接地，拆除试验接线。

（4）结果判断：利用被测设备历史测试数据，或者同型号、同批次的另一台设备的测试数据，进行纵向或横向比较分析，在比较时应去除温度的影响，然后作出较为可靠的诊断结论。

3. 试验结果的分析判断

对于 1600kVA 以上的变压器，测得的各相绕组电阻值相互间的差别不应大于三样平均值的 2%；无中性点引出的绕组，线间差别不应大于三相平均值的 1%。

对于 1600kVA 及以下的变压器，相间差别一般不大于三相平均值的 4%，线间差别一般不大于三相平均值的 2%。

各相绕组电阻与以前相同部位、相同温度下的历次结果相比，不应有明显差别。电阻温度换算公式为

$$R_2 = R_1 \left(\frac{T + t_2}{T + t_1} \right)$$

式中：R_1、R_2 分别为温度 t_1 和 t_2 时的电阻；T 为常数，铜绕组为 235，铝绕组为 225。通常把数值换算 75℃时，即 $t_2 = 75℃$。

例如：2004 年某变压器大修时，进行预防性试验发现高压侧直流电阻数值异常（1999 年投运）。又进行了有载分接开关的切换波形试验和变比试验，结果正常。分析判断：造成变压器直流电阻异常的原因是切换开关奇数档的动、静触头间接触不良所致，决定对切换开关吊芯处理。吊出后发现单数挡动静触头接触面有脏污和拉弧麻点。去除麻点和表面脏污，回装后复测直流电阻正常。

六、绕组电压比试验

1. 试验目的

变压器电压比是指变压器空载时一次侧绕组电压与二次侧绕组电压的比值。电压比等于绕组匝数比。通过绕组电压比试验，检查绕组匝数是否正确，检查分接开关状况，以及检查绕组有无层间、匝间金属性短路等现象，为变压器能否投入运行或并联运行提供依据。

2. 试验方法

绕组电压比试验方法双电压表法和变比电桥法。双电压表法是加电压于变压器一次绕组，测得二次绕组电压，以两侧电压比值求变比。变比电桥法是运用专用电桥测量变压器变比的方法。它具有简便、安全、可靠、准确和灵敏等优点。在测量电压比的同时可完成接线组别、极性试验。

3. 试验结果的分析判断

各相应分接的电压比顺序应与铭牌相同；检查所有分接头的电压比，与制造厂铭牌数据相比应无明显差别，且应符合电压比的规律。三相变压器的接线组别或单相变压器的极性必须与变压器的铭牌和出线端子标号相符。电压比测量中，如发现电压比误差超过允许偏差；初值差不超过 ±0.5%（额定分接）；±1.0%（其他分接）。

七、绕组变形试验

1. 试验目的

变压器绕组变形是指：变压器在运行中遭受出口（近区）短路的冲击，或者在运输、安装、吊罩大修过程中受到碰撞冲击时，在电动力和机械力的作用下，绕组尺寸、形状发生的不可逆转的变化现象。它包括变压器绕组或铁芯发生器身位移、松散、扭曲、鼓包、匝间短路等径向或轴向尺寸变化。变形严重的可能伴随绝缘材料的损伤，甚至绝缘破裂，进而造成变压器事故的发生。变压器绕组发生局部的机械变形后，其内部的电感、电容分布参数必然发生相对变化。这是开展变压器变形测试的依据和基础。如果通过吊芯来验证，不仅花费大量的人力物力，停电困难，而且对变压器部件的质量也有危害性。因此，快速测量绕组内部变形的频率响应法和低电压短路阻抗法得到广泛运用。

2. 试验方法

作为绕组变形测试方法，主要有低压脉冲法、频率响应法及短路阻抗法三种。目前常用的方法是频率响应法和短路阻抗法。

（1）频率响应法。频率响应法是利用精确的扫频测量技术，通过测量变压器各个绕组的频率响应特性变化，并对测试结果进行纵向或横向的相关性比较，即相当于比较变压组的结构特性"指纹"图。如将变压器遭受短路冲击后测得的各个绕组的频率响应特性与原始图谱（或短路前测量的图谱）比较，并综合考虑变压器的运行情况（短路冲击及电流大小）等，从而诊断绕组是否存在变形。扫频范围一般为 1kHz～1MHz，可分成若干频段分别检测。

频率响应法试验步骤：

1）对被试设备进行放电，待试设备试验接线并检查确认接线正确，见图 4-4；正确记录分接开关的位置、激励端/输出端。

2）按选定接线方式分别测量并记录待试设备不同测端的幅频响应特性曲线。

3）比较相同电压等级的三相绕组的幅频响应特性，若三相频响曲线较为一致，则可认

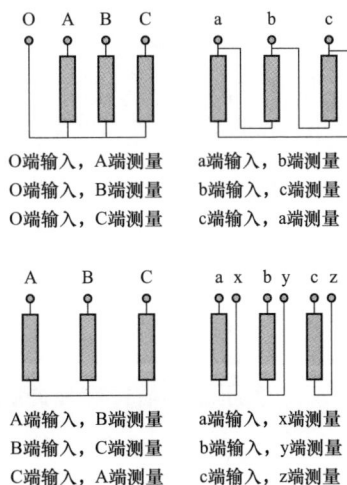

O端输入，A端测量　　a端输入，b端测量
O端输入，B端测量　　b端输入，c端测量
O端输入，C端测量　　c端输入，a端测量

A端输入，B端测量　　a端输入，x端测量
B端输入，C端测量　　b端输入，y端测量
C端输入，A端测量　　c端输入，z端测量

图 4-4　变压器频响法接线方式示意图

为测试数据正确无误。若存在明显差异，则首先应检查测试接线方式是否符合规定的要求，测试电缆是否处于完好状态，检查接地是否良好，确认无误后再重测。

4）记录试验数据，接线方式，断开试验电源，放电后拆除试验接线。

频率响应法试验结果及分析判断：

1）当频响特性曲线低频段（1～100kHz）的波峰或波谷发生明显变化，绕组电感可能改变，可能存在匝间或饼间短路的情况。对绝大多数变压器来说，其三相绕组低频段的响应特性曲线应非常相似，如果存在差异应及时查明原因。

2）当频响特性曲线中频段（100～600kHz）的波峰或波谷发生明显变化，绕组可能发生扭曲和鼓包等局部变形现象。

3）当频响特性曲线高频段（＞600kHz）的波峰或波谷发生明显变化，绕组的对地电容可能改变。可能存在线圈整体移位或引线位移等情况。

（2）短路阻抗法。当变压器绕组变形或者几何尺寸发生变化时，短路电抗值会改变。如果运行中的变压器受到短路电流的冲击，为了检查其绕组是否变形，就可将变压器受短路冲击后的短路电抗值与变压器出厂时的短路电抗值进行比较；根据其变化程度判断变压器是否发生绕组、铁芯变形、位移及其故障程度。现场多采用低电压短路阻抗测试仪进行检测。

试验结果根据试验规程进行判断，利用历史测试数据，或者同型号、同批次的另一台待试设备的测试数据，来进行横向、纵向比较分析，然后做出较为可靠的诊断结论。

短路阻抗法试验结果及分析判断：

1）容量 100MVA、电压等级 220kV 以下的变压器，初值差不超过±2％。

2）容量 100MVA、电压等级 220kV 以上的变压器，初值差不超过±1.6％。

3）容量 100MVA、电压等级 220kV 以下的变压器三相之间的最大相对互差不大于 2.5％。

4）容量 100MVA、电压等级 220kV 以上的变压器三相之间的最大相对互差不大于 2％。

八、变压器有载分接开关试验

1. 试验目的

电压是供电系统的重要质量指标，由于供电网络的负荷波动性较大，往往会引起电压的变化。为了确保电能质量，需要对变压器适时进行调压。有载分接开关能在不中断负荷电流的情况下，实现变压器绕组各分接头之间的切换，从而改变绕组的匝数（变压器电压比），实现调压的目的。

有载分接开关是变压器的核心部件，也是根据电压质量要求，频繁操作的部件。分接开关的试验包括：连同变压器绕组一起的绝缘电阻试验、接触电阻测量、绝缘油检测、动作顺序、操作试验、连同绕组一起的直流电阻试验和变比试验、辅助回路绝缘试验以及过渡时间、过渡波形和过渡电阻测量测试。此处主要介绍例行试验中的过渡时间、过渡波形和过渡电阻测量测试。

2. 试验步骤

现场试验中采用有载分接开关测试仪进行过渡时间、过渡波形和过渡电阻测量测试。试验方法如下：

（1）断开变压器各侧引线，为防止变压器内有剩磁干扰测试结果，一般用先用消磁仪进行消磁。

（2）测试钳按黄、绿、红三色分别夹到被试有载分接开关所属绕组套管 A、B、C 三相上将黑色测试钳夹到中性点上，见图 4-5。

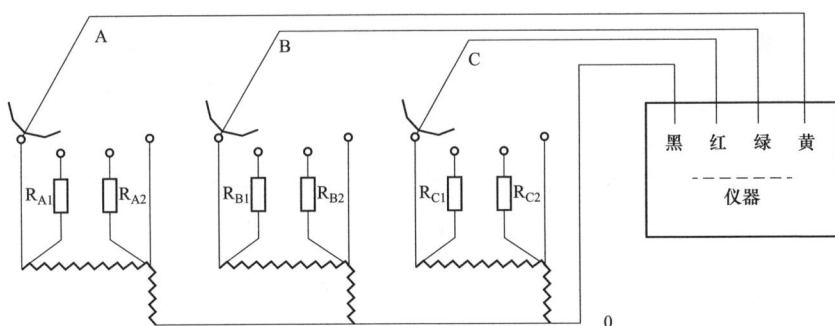

图 4-5 变压器有载分接开关试验接线方式示意图

（3）将变压器非被试分接开关所属绕组短路并接地。

（4）完成测试仪接线，确认接线无误后打开电源，输入测量信息包括被试变压器编号、测量相数以及接线方式等，进行测量。

（5）测量时一般从单→双、双→单，各应至少测量三次。

3. 试验结果的分析判断

（1）有载分接开关的过渡电阻值要符合制造厂家的规定，与铭牌值比较偏差不大于±10%。

（2）切换程序正确，时间符合要求。

（3）切换波形各阶段本身要平直，无明显波动：正常切换波形应是矩状方形折线所组成，波形不发生畸变，其幅值与过渡电阻数值相称，其低值与接触电阻相称。

（4）不同步时间符合要求。对三相开关的三相波形相互间力求同步。产生电弧的切换程序其不同步时间必须符合要求（应小于4ms）。

（5）对波形抖动的要求。有载分接切换开关（包括选择开关）触头闭合抖动时间对双电阻不应超过3ms，对四电阻不应超过4ms，且不影响切换程序。触头切换中不应有跌零（又称复零）现象（即电流波形突然跌至零值），说明触头有脱开接触的现象。此种开关在运行中将产生负荷电流中断或触头严重发弧烧损烧熔，这是不允许的。

九、案例分析

案例：有载调压开关的技术监督重点

由于电网对电压质量要求高，各级变压器运行中有载调压操作较多，必然造成调压机构的运行缺陷，特别是经常动作部件触头的磨损、变形、脱落等故障。分接开关常见故障类型：触头接触不良或烧损（直阻超标）、接触深度不足、氧化膜，引线螺栓松动，弹簧压力不足。集电环漏接线、极性转换开关烧损、油箱与本体连通、支架强度或绝缘筒不良、过渡电阻损坏、切换开关驱动盘磨损、滤油装置引发变压器跳闸。操动机构故障：连接轴断裂变形、机构卡涩、电机烧损电动失灵、机构连调调整失灵。据故障次数统计分析，约70%的分接开关故障为开关本体故障，约30%为机构故障。

1. 事故过程

（1）触头接触不良烧损。

1）引线接头固定螺栓松动。某变电站20MVA变压器预试，发现直流电阻不平衡超出规定（已操作动作1368次），经吊芯检查发现：调压开关分接引线接头固定螺栓松动，紧固后试验数据正常。

2）引线固定螺栓的螺纹长度不够。某 66kV 变电站 1 号变压器进行预防性试验，发现变压器一次绕组 B 相直流电阻偏大（三相互差 4.5%）。吊芯发现 B 相分接开关引线固定螺栓较长且螺纹长度不够，造成接触面不牢固，接点过热，更换螺栓后直流电阻测试正常。

3）触头引线焊接处存在虚焊。某变电站 1 号变压器（SFZ8-20000/66 型）预防性试验发现：一次侧直流电阻三相阻值不平衡。对有载调压开关（V 形）进行吊芯检查，发现 B 相动触头引线焊接处存在虚焊现象，造成发热。经补焊后，直流电阻测试合格。

4）集电环侧（集电环）接触不良。某 SFPSZ-150MVA/220kV 变压器，运行中进行变压器调压操作，当由 8 档调至 9 档时，有载调压气体继电器动作跳闸，有载调压分接开关在切换过程产生电弧性放电。检查发现 C 相双数集电环上有明显的电弧烧伤点，集电环侧（集电环）接触点制造质量不良是故障的原因。

（2）触头形成氧化膜或部件固定不牢。

1）触头接触面氧化。某 66kV 变电站 2 号变压器进行直流电阻测量，发现在位置"8"时电阻值不稳定。经吊芯未发现明显故障点，厂家派人在现场对开关的动、静触头进行打磨，清除氧化膜后，测试正常。分析为长期不操作，接触面出现氧化膜所致。

2）部件位置固定不牢。某变电站 1 号变压器（有载分接开关 1987 年产品）春检预试，发现一次绕组各挡位直流电阻不平衡，互差达 10% 左右。吊出有载调压开关芯子，对导电接触部位表面进行处理，处理后直流电阻仍偏差 4%，仍然不合格，且有 2 个挡位直流电阻不稳定。分析是有载分接开关制造质量不良，部件位置固定不牢，加之操作磨损等导致各触头接触不良。最终更换了有载分接开关。

（3）触头弹簧压力不足触头烧损。

1）某发电厂联络变压器在系统故障受到短路冲击后，预防性试验测试 C 相调压开关位置 7 直流电阻大，分解后发现 C 相触头严重烧伤。原因是动、静触头中心偏移，造成弹簧压力不足、接触不良，触头烧伤。

2）某 110kV 变压器在预防性试验中，发现线圈直流电阻在各分接位置均不稳定。对有载调压开关进行检查发现：弹簧压力不足。在弹簧孔内加装

3mm 厚的弹簧座垫，增加接触压力后，线圈直流电阻测试数据正常。

（4）机构卡涩。

1）蜗轮机构进水锈蚀卡涩。某 110kV 变电站 1 号变压器有载调压开关就地和远方操作不灵活，经检查为蜗轮、蜗杆机构进水，造成锈蚀卡住。

2）滚轮加工误差造成机械磨损。某 110kV 1 号变压器有载开关操动机构的空气开关跳闸后合不上。经检查为开关由 9B 向 9C 调整时跳闸，手动调节卡涩。检查快速机构发现滚轮嵌入棘轮的槽，在 9B 向 9C 调整时有卡死现象。原因是零件加工精度欠佳，长期使用产生机械磨损。

3）凸轮移位行程不到位。某 66kV 变电站 2 号变压器在电动调整挡位时，电动机工作行程不到位，即挡位标志红线未到就停止工作。经检查为开关拆动时，相序开关方向凸轮移位造成，经重新调整恢复正常。

4）弹子盘损坏，蜗轮卡死。某 110kV 变压器由 4 挡向 3 挡进行降压调整时，操作被卡死。经检查：调压开关操动机构顶盖角尺齿轮控制降压的弹子盘损坏、脱出，调整过程中蜗轮、蜗杆卡死，无法转动。

5）齿轮碎裂，蜗轮卡死。某 110kV 变电站 1 号变压器进行电压调整，由 4 挡向 3 挡进行降压调整时，操作被卡死。经检查：调整过程中蜗轮、蜗杆卡死，各有一个齿轮碎裂。

（5）结构连接轴断裂变形。

1）传动轴断裂，机构空转。某 110kV 变电站 1 号变压器由 1 挡向 7 挡调整时，电压无变化。变电站值班员检查调压开关操动机构传动轴在连接处断裂，造成机构空转。

2）挡位安装差错，切换开关连接轴断裂。值班调度员远方调试某变电站变压器分接头，从"10"挡调至"11""12"挡时，该变电站 10kV 母线电压无变化，变电站值班员现场查看有载分接开关机构指示数在"12"挡，就地调压至"11"挡，再依次调至"15"挡时电压指示仍无变化。检查发现分接开关头盖齿轮与切换开关连接轴断裂，造成电动机构不能带动开关本体切换。断轴原因：出厂时开关本体挡位指示与实际挡位偏了半挡，调挡时当本体位置已卡死时，电动机构仍调整，造成连接轴断裂。

3）传动齿轮箱传动轴断裂。某 110kV 变电站 1 号变压器有载开关在挡位升高而输出电压不变，现场检查发现：由于快速机构与切换开关连接轴断裂，使传动齿轮箱与水平传动轴轴节处脱开，开关本体挡位显示为 9 挡，而操动机构挡位显示为 14 挡。

2. 技术分析

（1）运行原理。有载分接开关有四种调压设计部位：星形中性点与线端或中部调压；三角形线端调压；三角形中部调压；特殊三角形线端调压。

变压器有载调压有三种调压电路：线性调、反正调、粗细调，见图 4-6。

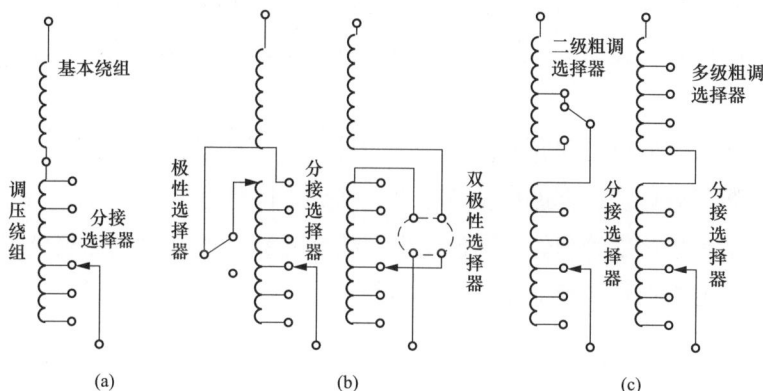

图 4-6　变压器有载调压的三种调压电路示意图
（a）线性调；（b）反正调；（c）粗细调

（2）有载调压开关易发生缺陷。触头接触不良缺陷、极性转换开关缺陷、支架强度不足，绝缘类缺陷、操动机构缺陷、集电环、过渡电阻缺陷、切换开关操作盘磨损。

（3）有载调压开关易发生故障。触头接触不良烧损（引线螺栓松动直流电阻超标，接触深度不足形成氧化膜，弹簧压力不足触头烧损，）集电环外引线未接，极性转换开关变形，切换开关与变压器本体连通，支架强度不足、绝缘不良，过渡电阻损坏，切换开关驱动盘磨损，操动机构故障（机构连接轴断裂、变形，机构卡涩，机构连续调整时操作失灵）。从整体情况看，触头接触不良类缺陷和操动机构故障率较高，因为这些部位是常操作活动的零部件。应从设计制造源头治理，厂家制造要把好质量关。

3. 技术监督结论

（1）为了保证电力系统电压稳定和用户的供电质量，变压器在不同时段的运行时，需要经常调整有载调压触头的位置，以便根据运行需要升高和降低电压。比如：在系统负荷较大较集中的用电高峰需要提高电压，以满足用户生产、生活的需要；在用电低谷和雨雾天气需要降低系统运行，以减少绝缘子闪络放电的内在条件。调压次数增加，发生机械磨损和触头接触不良的缺陷和故障率增高。

（2）有载调压系统是一个整体，哪个环节和零部件出问题，都会影响变压器的正常供电。有载开关主要功能部分在变压器内部，所以，有载调压的操动机构比较复杂，发生缺陷后隐蔽性强，巡视受到一定限制。所以，要加强有载分接开关的试验和操动机构的维修工作，技术监督到位，监督数据准确，不漏掉一个疑点。

（3）变电站值班员和变电检修专业人员，要认真阅读设备说明书，学懂设备结构和运行原理。认真进行设备巡视、维护、检修。

（4）运维检修部策划做好岗位培训、技术考核、技术比武等基础工作，始终掌握设备安全运行的主动权。

第三节　变压器诊断性试验

一、变压器诊断性试验

1. 诊断性试验定义

诊断性试验是指设备巡检、在线监测、例行试验等发现设备状态不良，或经受了不良工况，或受"家族缺陷"警示，为进一步评估设备状态进行的试验。

诊断性试验是状态检修的一项重要技术工作。诊断性试验是在发现重大设备缺陷后，进一步确认缺陷位置、性质，采取预控措施。诊断性试验需要捕提到设备缺陷的确切信息（试验数据、试验图谱、实物照片），并采用不同检测技术佐证，确定缺陷性质，形成完整的技术结论及措施方案。

2. 诊断性试验目标

变压器诊断性试验是根据异常信息进行故障判别，寻找故障部位和故障原因。依据诊断程序、诊断标准、诊断数据，进行设备缺陷的诊断分析。变压器内部油箱内发生故障类型有：绕组故障、铁芯故障、分接开关故障、绝缘油故障等。外部故障为外部绝缘套管及部分附件发生的故障，主要有绝缘套管故障、导电杆接头发热、冷却系统故障、保护装置故障等。为了保证变压器安全运行，需要借助诊断试验进行内部缺陷的判断查找。如：变压器高压套管诊断性试验包括：油中溶解气体分析；末屏介质损耗因数；交流耐压和局部放电测量等。

二、案例分析

案例1：变压器出口短路事故诊断性试验

1. 事故过程

2001年6月，某110kV变压器气体保护动作，变压器三侧断路器跳闸。查看事故现场和故障录波图后，分析原因是该站35kV侧母线遭雷击，35kV断路器的支柱绝缘子被击穿，后发展为三相短路，致使变压器遭受出口短路冲击。

2. 技术分析

（1）变压器在额定负荷下运行时，作用在绕组上的电磁力很小；但当电力系统发生短路故障时，最大短路电流可达额定电流的几倍、几十倍。由于电磁力与电流的平方成正比，所以短路时变压器绕组所受的电磁力最大可激增到额定负载的几十倍，可能造成变压器烧损、绕组变形、各部件的机械强度下降。

（2）做色谱试验三比值法为102（高能放电），乙炔值为25.4μL/L，CO、CO_2含量也突增至每升数千微升，判断故障放电位置在线圈的固体绝缘位置。直流电阻试验发现低压侧数据异常，ao：23.2mΩ，bo：23mΩ，co：25.5mΩ，低压绕组C相偏大10.9%。变压器吊罩后，发现低压三相线圈都存在较严重的变形，低压C相线圈中部有一股已烧断，见图4-7。

图4-7 变压器高压线圈变形照片

3. 技术监督结论

（1）落实绝缘子防污闪和防雷电过电压等各项反事故措施。

（2）加强变电站避雷针、避雷器及接地网的运行维护。在变压器事故跳闸后，做好色谱试验、直流电阻测量等诊断性试验，评估异常数据性质，预防变压器内部事故。

案例 2：变压器内部色谱总烃超标故障诊断性试验

1. 事故过程

2007 年 10 月 11 日（2005 年投运），某变电站 2 号变压器进行周期性色谱试验，发现总烃超标达 $341.75\mu L/L$，三比值为 022，呈现典型的高温过热故障特征（故障初始，夏季负载最大 130MW）。10 月以后跟踪期间负荷最大值不超过 60MW，故障位置温度不高，因此总烃基本不变。2008 年 3 月以后，最大负荷又增加至 90MW。2008 年 4 月，进行色谱试验时发现总烃又有增长。依据数据结果分析，发现总烃变化和负荷大小有明显的对应关系，故障位置在导电回路，导电回路局部过热引起色谱总烃异常。按计划对变压器停电预试。发现高压绕组 B 相直阻超标，三相不平衡率超过 4%。

2. 技术分析

返厂后，吊出高压 B 相线圈后，看到上分支线圈内侧有一处明显过热痕迹，剥开该处绝缘纸后，发现其中一根铜线有明显开焊裂缝和过热现象，见图 4-8。与原先故障的现象和分析判断基本吻合。故障原因：加工铜线时，铜线对接位置焊接质量不良，运行后该位置焊接逐渐松动，接触电阻增大，负荷电流引起局部过热。

图 4-8　铜线开焊裂缝和过热痕迹照片

3. 技术监督结论

（1）对该位置进行了打磨和焊接处理，并用绝缘纸重新进行了包扎。

（2）重视变压器制造质量监督，重视周期性色谱试验。

第四节　变压器运行带电检测

一、铁芯绝缘电阻试验

铁芯绝缘电阻试验、铁芯接地电流的定期检测，是变压器常规例行试验项目，对变压器的安全运行具有重要意义。

1. 铁芯绝缘电阻试验方法及步骤

铁芯绝缘电阻试验中，绝缘电阻测量采用 2500V（老旧变压器 1000V）绝缘电阻表。除注意绝缘电阻的大小外，还要注意绝缘电阻的变化趋势。

2. 试验结果的分析判断

（1）测得的绝缘电阻值与以前测试值比较，应无显著差别。110（66）kV 及以上变压器绝缘电阻一般不低于 100MΩ；新投运变压器一般不低于 1000MΩ。

（2）若变压器的铁芯及夹件有引出接地线的，在运行状况下采用接地电流测试，测量铁芯外引接地线的电流值大小，判断铁芯和夹件对地绝缘是否良好，判断铁芯是否有多点接地，见图 4-9。当铁芯绝缘状况良好时，电流很小；如果存在多点接地，铁芯柱磁通周围相当于有短路线匝存在，匝内有环流。环流大小取决于故障点与正常接地点的相对位置，即短路线匝中包围磁通多少和变压器运行负荷有关。

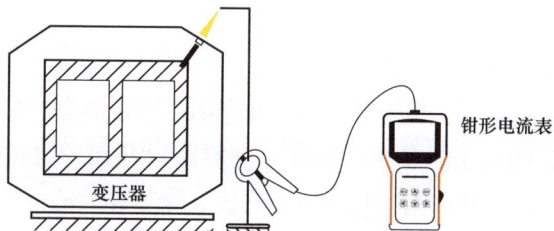

图 4-9　铁芯接地电流检测原理示意图

（3）测得的接地电流不应大于100mA。为减少干扰，应采用盈电式钳形电流表，不能采用电子式钳形电流表。

二、接地电流检测试验

变压器铁芯是变压器内部传递、变换电磁能量的主要部件。变压器运行中，铁芯及金属构件均处在强电场中，具有较高的对地电位；如果铁芯不接地，它与接地的金属部件、油箱等就会有电位差，产生持续的放电现象。所以，正常运行的变压器铁芯必须接地，并且只能一点接地。若铁芯没有接地，则铁芯对地的悬浮电压，会造成铁芯对地断续性击穿放电；铁芯一点接地后，消除了形成铁芯悬浮电位的可能。当铁芯出现两点以上接地时，铁芯间的不均匀电位就会在接地点之间形成环流，该电流可达几十甚至上百安培，会引起铁芯局部过热，严重时会造成铁芯局部烧损。铁芯故障在变压器总故障中已占到了第三位，其中大部分由铁芯多点接地引起。为了防止烧坏铁芯，通过对铁芯夹件绝缘试验或接地电流测试，判断铁芯和夹件对地绝缘是否良好。

1. 接地电流试验方法及步骤

（1）打开测量仪器，电流选择适当的量程，频率选取工频（50Hz）量程进行测量，尽量选取符合要求的最小量程，确保测量的精确度。

（2）在接地电流直接引下线段进行测试。历次测试位置应相对固定，将钳形电流表置于器身高度1/3处，见图4-9。沿接地引下线方向，上下移动仪表观察数值应变化不大。测试条件允许时，还可以将仪表钳口以接地引下线为轴左右转动，观察数值不应有明显变化。

（3）使钳形电流表与接地引下线保持垂直。

（4）待电流表数据稳定后，读取数据并做好记录。

2. 试验结果的分析判断

当变压器铁芯接地电流检测结果受环境及检测方法的影响较大时，可通过历次试验结果进行综合比较，根据其变化趋势做出判断。数据分析还需综合考虑设备历史运行状况、同类型设备参考数据，同时结合其他带电检测试验结果。例如，油色谱试验、红外精确测温及高频局部放电检测等手段进行综合分析。接地电流大于300mA应考虑铁芯（夹件）存在多点接地故障，必要时串接限流电阻。当怀疑有铁芯多点间歇性接地时，可辅以在线检测装置进行连续检测。

三、案例分析

案例： 变压器铁芯电流检测发现多点接地

1. 事故过程

型号为 SFPS-120000/220 的变压器，油中溶解气体分析结果表明 H2 和总烃高。进行变压器铁芯接地电流测试，电流已达 16A。停电检查发现，内部铁芯接地连片过长而跨接铁芯，将铁芯短接近 1/10，造成铁芯多点接地，接地连片烧断 3/4。如未及时发现该缺陷，接地连片烧断后可能导致铁芯失去地电位，从而造成严重的故障。

2. 技术分析

（1）以三绕组变压器为例，铁芯一点接地时，其高压、中压、低压绕组对铁芯存在分布电容，这样流过铁芯的电流是三绕组电流的叠加，其运行原理见图 4-10。变压器铁芯接地电流形成机理：正常运行的变压器铁芯是一点接地的，此时流过铁芯接地线中的电流是由于高、中、低压绕组对铁芯存在的电容形成的。对于三相变压器，如果三相电压完全对称，则理论上流过铁芯接地线的电流为零，但实测电流值一般在几毫安到几十毫安之间。

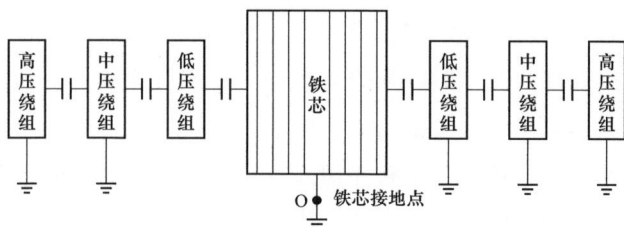

图 4-10 变压器铁芯一点接地示意图

（2）结合变压器的铁芯几何结构计算得出：大容量的变压器每匝电压值约为 300V，故铁芯多点接地回路中感应出的电动势约为 150V。铁芯由涂有漆膜的硅钢片叠装组成，经测量其电阻值约为几十欧姆。因此，在铁芯多点接地回路中，最大可能出现几安到几十安的电流。该故障电流会造成铁芯局部过热，严重时会造成轻瓦斯动作，甚至会造成气体保护动作而跳闸。

3. 技术监督结论

（1）采用钳形电流表差值法测量，进行变压器铁芯接地电流测试，能够及时发现铁芯多点接地引起的接地电流变化，是防范铁芯多点接地故障的最好方法，见图 4-11。

（2）目前部分变压器安装了铁芯接地电流在线监测装置（成本较高），见图 4-12，该装置通过在铁芯接地处串入检测电阻，实时地、准确地监测铁芯接地电流，及时发现故障并报警。

图 4-11　钳形电流表测铁芯接地电流照片　　图 4-12　铁芯电流在线检测装置示意图

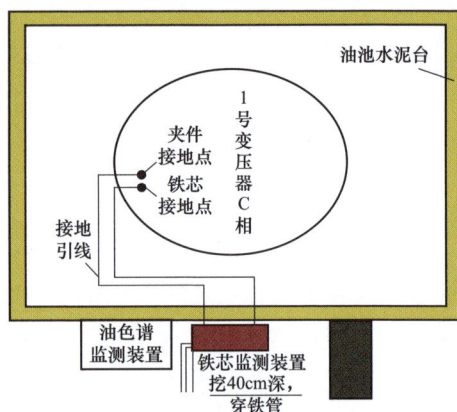

（3）采用钳形电流表差值法测量的缺点。由于空间磁场给接地线电流的测量带来很大干扰，在现场测量过程中难以具备屏蔽空间磁场的条件，对接地电流的测量缺乏准确性。变压器较强的电磁场对检测仪器的干扰较大，抗干扰性能已成为铁芯接地电流检测设备的关键技术。

（4）电力系统中，接地是用来保护人身及电力设备安全的重要措施。接地装置将过电压产生的过电流导入大地，从而实现保护的目的。对于变压器因其内部结构设计要求，通过接地实现设备正常运行。所以，对变压器铁芯接地电流的测量可以直接反映设备运行状况。

第五节　变压器局部放电试验

一、变压器局部放电试验简介

变压器局部放电是指变压器的绝缘介质在高电场强度作用下，发生在电极之间的未贯穿的放电。局部放电试验能够发现变压器结构和制造工艺的缺陷。

如：绝缘局部电场强度过高；金属部件有尖角；绝缘混入杂质；缺陷产品内部金属接地部件之间、导电体之间的电气连接不良等。发现和消除这些缺陷，可以防止局部放电对绝缘造成破坏。

1. 试验目的

检查变压器现场安装后绝缘性能是否完好，变压器是否满足相关标准和技术合同要求，保障设备安全运行。由于常规性试验的试验电压过低无法反映变压器的真实绝缘水平。而直流耐压和外施交流耐压无法全面验证变压器绝缘水平，因此倍频感应耐压局部放电试验是目前检测变压器内部绝缘缺陷最有效的手段。可以检查出分级绝缘变压器的部分主绝缘（绕组对地、相间及不同电压等级的绕组间的绝缘）和纵绝缘（绕组的匝间、层间、饼间、段间等）。

因为在额定频率下，施加1.2倍的额定电压时，铁芯磁通将达到饱和，励磁电流将急剧增加。故给铁芯施加1.3倍额定值以上的工频激励电压是行不通的。只有提高励磁电源频率来提高绕组匝间电压，才能达到预期的电压（一般感应耐压试验频率为100、150、200Hz，是工频的整数倍，故称为倍频感应耐压试验）。从二次侧施加频率高于工频的试验电压，一次侧感应出相应的试验电压，电压分布情况与运行时相同，且高于运行电压，达到了考核变压器纵绝缘的目的。

感应耐压局部放电试验作为变压器交接现场重要的质量控制试验，由于试验容量大、电压高和接线复杂原因，加之采用局部放电检测的手段进行监测，是电气试验中高难度的试验项目，能够预测设备内部的潜伏性故障，有效预防事故发生，是变压器是否可以投运的一个重要依据。

2. 试验方法

感应耐压局部放电装置一般由变频电源（附加控制箱）、补偿电抗器（L）、无局部放电励磁变压器（B）、铝合金均压环（均压帽）、电压测试仪（分压器）、局部放电测试仪、高压连接线（红黑双股）和接地线组成。试验前，变压器热油循环后的静置时间应满足不小于48h。静置完毕后，应从变压器的套管、升高座、冷却装置、气体继电器及压力释放装置等有关部位放气塞进行多次放气，直至残余气体排尽。

（1）被试品在局部放电试验前，应先进行其他常规试验，合格后再进行局部放电试验。

（2）进行试验接线，采用变压器低压侧加压，如图4-13所示，以A相为例高、中压侧中性点套管接地，高、中压侧套管末屏取测量信号的接线方式进行试验。高、中压套管均需加装均压帽，具体接线为：测量 A 相时，a 加压，b 悬空，c 接地；测量 B 相时，b 加压，c 悬空，a 接地；测量 C 相时，c 加压，a 悬空，b 接地。

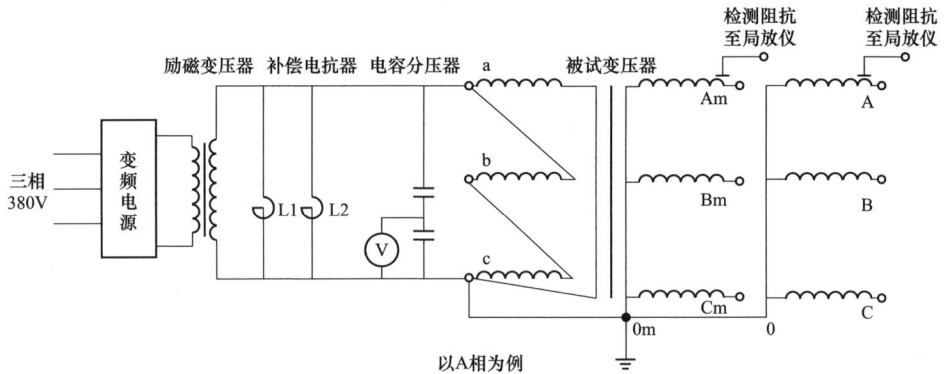

图 4-13　感应耐压局部放电试验接线

（3）检查试验接线，检查试验变压器、补偿电抗器组的接线，检查变压器接线（包括各套管末屏接地情况、套管 TA 短路接地情况，清除变压器上的杂物，检查中性点接地、套管端部的屏蔽情况，变压器本体接地状况、变压器周围空间无悬浮物体）；检查接线无误后试验区域清场，监护人员到位，合电源。

（4）试验回路校准，在加压前应对测试回路中的仪器进行例行校正，以确定接入试品时测试回路的刻度系数，该系数受回路特性及试品电容量的影响。在已校正的回路灵敏度下，观察未接通高压电源及接通高压电源后是否存在较大的干扰，如果有干扰应设法排除。

（5）校准试验回路（打方波），一般在校准时注入 500pC 放电量进行校准，同时，应读取变压器不同侧线圈放电量的传递数值。

（6）按分工各就各位，准备工作准确无误后，试验负责人发布试验命令。

（7）按图 4-14 所述的加压程序，每 5min 读取一次局部放电量，进行记录。

（8）试验结束后，切断试验电源，再对试件和分压器进行放电，分析测量结果。

（9）对试件和设备充分放电后，方可拆除试验接线。

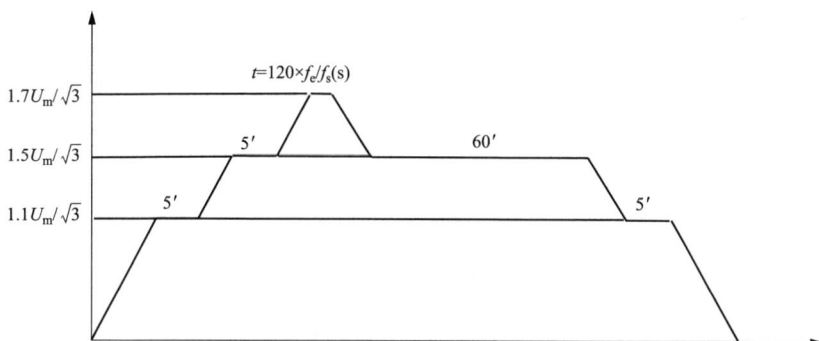

图 4-14　感应耐压局放加压程序

3. 试验结果的分析判断

加压程序：零起升压至 $U = 1.1 U_\mathrm{m}\sqrt{3}$ 电压时保持 5min，再升至 $U = 1.5 U_\mathrm{m}\sqrt{3}$ 电压时保持 5min，然后再升至 $U = 1.7 U_\mathrm{m}\sqrt{3}$ 电压时保持 $t = 120 \times f_\mathrm{e}/f_\mathrm{s}$（$f$ 为额定频率，f_s 为试验频率）s，降至 $U = 1.5 U_\mathrm{m}\sqrt{3}$ 电压时保持 30min，然后再降至 $U = 1.1 U_\mathrm{m}\sqrt{3}$ 电压时保持 5min，最后降低至零。

根据 Q/GDW 11447—2010《10kV～500kV 输变电设备交接试验规程》要求，在 $U = 1.5 U_\mathrm{m}\sqrt{3}$ 电压下，放电量一般不大于 100pC，现场测试局部放电量如果小于 100pC，试验合格；如果局部放电量超过 100pC，试验不合格，需要结合局部放电后变压器油色谱分析等查找局部放电超标原因，重新进行试验。

注意油浸式变压器局部放电试验会存在不同方式的干扰，通常会采取以下措施：

（1）来自电源和励磁变压器的干扰；采用低通滤波器和屏蔽式电源隔离变压器抑制电源干扰、采用无局部放电励磁变压器。

（2）来自接地系统的干扰；接地以电容耦合的形式并入系统，一般采用试验回路一点接地和可靠连接线的方式抑制。

（3）悬浮电位放电干扰；保持足够的安全距离，将试验仪器金属外壳、被试变压器套管末端可靠牢固接地进行抑制。

（4）无线电波干扰；电磁辐射会通过空间直接耦合的方式作用于试验回路，一般通过典型放电特征来识别。

（5）电晕放电及接触放电的干扰；存在曲率半径很小的尖端，高电压时会产生电晕放电和接触放电，并且随着试验电压升高而作用增强，一般利用均压帽安装在套管顶部来抑制电晕放电，变压器局部放电试验现场安装均压帽，见图 4-15。

图 4-15 变压器局部放电试验现场安装均压帽照片

二、案例分析

案例 1：工作人员进入变压器内部检查遗留物

1. 故障过程

（1）进入变压器内部进行检查。2016 年 2 月，某 220kV 新建变电站，变压器运输到变电站后，行车冲击记录仪，发现冲击强度超标。于是决定派工程师进入变压器内部进行检查，未发现部件损伤等异常，见图 4-16～图 4-20。变压器取油样，见图 4-21。现场局部放电试验，见图 4-22 和图 4-23。

图 4-16 变压器绕组引线照片

图 4-17 变压器铁芯及底座局部照片

图 4-18　有载调压接线端子照片

图 4-19　有载调压线圈结构照片

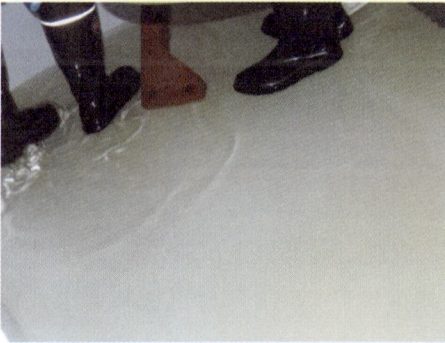

图 4-20　进入变压器本体的人员照片

图 4-21　变压器进行取油样照片

图 4-22　变压器安装均压帽防止静电装置照片

图 4-23　变压器局部放电试验现场照片

（2）变压器绕组内遗留物体。某 SZ-50MVA/110kV 变压器，在新品安装吊罩检查过程中，发现该变压器高压 B 相调压绕组分接引出线与围屏之间，有一约 300mm×70mm×30mm 的楔形环氧树脂绝缘板夹在其中。该异物遗留在产品器身上的原因，是制造厂工作人员在调整分接引线结束后遗漏所致。

（3）机械摩擦所产生粉末。某 ODFPSZ-400MVA/500kV 变压器，由于产品主体在运输途中遭遇强烈颠簸，行车冲击记录仪指示超标。经现场专业人员进行钻筒检查发现，绕组上部部分绝缘件等发生位移，同时在铁芯附近发现少量黑色粉末，后经化验分析证实，该黑色粉末是半导体绑带由于颠簸振动机械摩擦所产生的，该产品被迫返厂修理。

2. 技术分析

（1）变压器运输途中的"行车冲击记录仪"数据重要，发现冲击强度超标，必须做变压器局部放电试验。

（2）变压器本体内部进入工作人员后，应进行局部放电试验，防止遗留异物和意外触碰事件。

3. 技术监督结论

（1）变压器本体内部进入工作人员后，应进行局部放电试验。

（2）根据《国网十八项电网重大反事故措施》（2018 年修订版）要求，输变电建设工程在施工过程中，完成了现场监督、高压试验、真空滤油、取油样等一系列技术监督工作后，数据显示变压器的高压试验各项指标合格，才能保证变压器安全运行。

案例 2：变压器安装现场施工质量管理不良

1. 故障过程

2016 年 11 月，某新建 220kV 变电站变压器安装工地，由于现场卫生不达标，存在变压器内部安装质量隐患。监理总工程师发现变压器套管油内进蜜蜂（打开法兰盖后，未尽快封闭，未采取留人监护，观察现场灰尘及飞虫等干扰动向的措施）。雨后设备有受潮风险、现场地面泥泞对设备注油和吊装存在的不良质量影响。监理工程师报业主（建设部）让项目施工部暂停作业，完善环境卫生的措施后再开工。随后现场及时对变压器进行真空滤油，干燥处理，试验合格。吊装现场质量管理不良的场景照片，见图 4-24～图 4-31。

图 4-24　变压器部件吊装现场环境照片

图 4-25　变压器部件吊装现场环境照片

图 4-26　蜜蜂进入套管线圈照片

图 4-27　蜜蜂进入套管微距照片

图 4-28　蜜蜂进入套管的照片

图 4-29　吊装变压器构件的泥土杂质照片

图 4-30　散热器阀门安装时暴露照片

图 4-31　变压器套管基座吊装照片

2. 技术分析

（1）存在问题。变电站现场安装变压器过程，应防止变压器油和变压器内部组件受潮、受污染。变压器内部绝缘是否合格，取决于变压器设计、运输、安装是否按照国家标准进行工作。无论哪个环节存在质量问题，对变压器都是运行隐患。例如：某发电厂 4 号变压器（360MVA/500kV，1991 年）运行中突发事故，气体保护、差动保护动作跳闸，2 个压力释放阀动作喷油，500kV 的 A 相套管爆炸，套管 TA 损坏。进入变压器内部检查发现：套管均压球对油箱壁放电，套管下部的瓷件表面釉大量脱落成树枝状并形成贯通的裂纹。分析原因：套管电容屏存在绝缘缺陷或内部绝缘缺陷（存在导电杂物），导致均压球对箱壁放电。

（2）放电机理。在变压器绝缘油介质中存在气体、水分和纤维这三种主要杂质。纤维具有很强的吸附水分能力，因此，纤维与水的联合作用对击穿电压的影响尤为强烈。杂质在电场作用下很容易极化，受电场力吸引且被拉长，并且逐渐沿电场方向头尾相连，在电极间排列成"小桥"贯通两电极。"小桥"中水分和纤维的电导较大，使流过"小桥"的泄漏电流增大；所以一旦形成贯通两电极的"小桥"，击穿就在此通道中发生。

3. 技术监督结论

（1）本案例中发现的绝缘油中的悬浮物（蜜蜂、泥土、杂质），变压器运行中均可以电离成为带电质点，形成该污染区域内的带电质点与分子的碰撞游离。在电场作用下，这些悬浮物将被吸向电场较集中的区域，在电场内排成链状，形成电导电流的回路。在稳定的外施电压作用下，液体介质的电导会逐渐变大，使击穿电压显著降低，在变压器线圈、铁芯周围形成局部放电。由于放电过程温度逐步升高，在多孔结构内的杂质还能引起机械应力，介质会因此裂成碎片使绝缘遭到损坏。所以，新变压器建造环节、安装施工环节的技术监督把关十分重要。

（2）历史教训。某变压器安装时，正赶上下雨天气，安装人员穿带有泥土的胶靴进入变压器本体，遗留大量泥脚印，产生大量泥土颗粒。这些泥土颗粒随变压器油循环，在变压器高强场区引发局部放电。

（3）结合本案例（飞虫、杂质、潮湿）进一步来看油化验和局部放电试验的意义。变压器内部放电对绝缘有两种破坏作用：一种是由于放电质点直接轰击绝缘，使局部绝缘受到破坏并逐步扩大，使绝缘击穿；另一种是放电产生的热、臭氧、氧化氮等活性气体的化学作用，使局部绝缘受到腐蚀，介质损耗增大，最后导致热击穿。污染是油中混入水分和杂质等，这些外来物质不是油氧化的产物，所以污染能使绝缘性变坏，击穿电场强度降低，介质损失角增大。

案例 3：变压器局部放电试验的数据超标

1. 事故过程

（1）层压木板质量不佳。某 SSZ-50MVA/110kV 变压器，出厂试验时局部放电量超标，该变压器订货技术协议中规定压板应为高密度层压纸板，而制造厂使用的是层压木板，后更换为高密度层压纸板局部放电试验合格。所使用的层压木板质量欠佳，是导致出厂局部放电试验超标的原因。

（2）制作工艺控制不严格。某 SFPSZ-200MVA/220kV 变压器，出厂试验时局部放电量超标，经检查，该变压器压板（为高密度层压纸板）个别部位存在黏接不良的痕迹，更换后局部放电试验合格。高密度层压纸板在制作过程中胶水使用不当、工艺控制不严格是导致局部放电量超标的原因。

（3）压木对压钉及铁芯上夹件。某 SZ-40MVA/110kV 变压器，运行中该变压器内部电弧性放电，本体气体保护动作跳闸。经返厂解体发现，高压 C 相引线出头沿电工层压木对压钉及铁芯上夹件放电，该层压木层间发现明显的树枝状碳化爬电通道。因此，该固体绝缘内部的绝缘缺陷，是此次故障的主要原因。

（4）套管电容屏存在绝缘缺陷。某发电厂 4 号变压器（360MVA/500kV，1991 年）运行中突发事故，气体保护、差动保护动作跳闸，2 个压力释放阀动作喷油，500kVA 相套管爆炸，套管 TA 损坏。进入变压器内部检查发现：套管均压球对油箱壁放电，下瓷件表面釉大量脱落成树枝状并形成贯通的裂纹。

分析原因：套管电容屏存在绝缘缺陷或内部绝缘缺陷（存在导电杂物），导致均压球对箱壁放电。

（5）绕组部位白布带收尾长。某 SZ-50MVA/110kV 变压器，变电站新设备安装后做局部放电试验发现高压 B 相局部放电量超标。经吊罩检查发现，高压 B 相绕组出头部位包扎的白布带收尾处长出约 100mm 且留有较长的棉纤维头，同时出头部位无油间隙，这是该变压器高压 B 相局部放电量超标的原因。后把白布带长余处去掉并调整出头油间隙，再做局部放电试验合格。

2. 技术分析

（1）变压器制造时，施工负责人未能按照施工技术协议规定操作，监理工程师未能严格把关，使用不合格的层压木板。

（2）变压器厂家对工人操作中的施工工艺控制不到位，使电工层压木板超长或胶水使用不当，导致局部放电量超标。

（3）变压器制造过程，出现绕组出头部位包扎的白布带收尾处长余，反映出做工不细，把关不严的现场管理问题。

3. 技术监督结论

（1）变压器制造过程加强现场技术监督，并做好出厂局部放电试验，为安装阶段提供良好条件。

（2）安装试验阶段做好检查和局部放电试验，排除缺陷和隐患，为运行阶段打好坚实基础。

案例 4：变压器高压套管的故障检测试验

1. 事故过程

（1）设备制造阶段。①某 SFPSZ-180MVA/220kV 变压器，新品安装后做局部放电试验发现中压 B 相局部放电量超标。经检查发现中压 B 相油套管均压罩内的固定螺栓（内六角螺栓）松动。②某 SFSZ-180MVA/220kV 变压器，出厂试验时局部放电量超标，经检查发现其铁芯上夹件（高压侧）靠近 C 相下端有一处明显的磕碰受损痕迹，（长 10mm、深 1mm）呈沟状且边缘较为尖锐。某 SSZ-50MVA/110kV 变压器，现场新品安装后做局部放电试验发现高压 A 相局部放电量超标。检查发现 A 相油套管末屏至电缆仓末屏引出装置的连线过长。

（2）设备调试阶段。①新投运的 220kV（170MVA）变压器进行预防性试验，当打开 220kV 侧 A 相套管末屏防雨罩时（型号 BRDLW2-252/630-4），发现防雨罩内有大量氧化物粉末，整个末屏接线柱已氧化变色，末屏接线柱端部已烧熔。在末屏接地环未顶开时，用万用表测量末屏对地不通；顶开末屏接地环后用 1000V 绝缘电阻表测量末屏对地绝缘为 0。②某 220kV 变压器高压侧套管型号为 COT1050-800，在现场进行变压器交接局部放电试验。进行 C 相试验时，当低压侧电压刚升至 3.3kV（应升至 16.4kV），发现 C 相高压侧和中压侧视在局部放电量超标，分别为 5000pC 和 1300pC，局部放电波形为等幅高度、分布均匀的脉冲放电。经现场认真检查，发现 B 相高压套管末屏接地套未随弹簧完全弹出，由于 B 相套管末屏接地不良，产生了较大的悬浮放电信号并传递至 C 相，引起 C 相局部放电量超标。将 B 相套管末屏良好接地后，再次试验正常。

（3）运维检修阶段。①某 220kV 变压器套管在例试中发现中压侧 B 相套管末屏接地因长期放电烧损，末屏端子滑丝已无法恢复。此末屏接地结构由于使用材料为铝，氧化后会造成接地帽处接地不良。末屏断线和铝材部件氧化的缺陷，见图 4-32～图 4-35。②红外热像检测发现，某 110kV 变压器高压侧套管（型号为 BRLW-110/630-4）A 相套管升高座部位异常温度，甚至温度已经高于变压器本体的温度 11℃，见图 4-36～图 4-39。原因分析：套管末屏接地引线松动，接地不良形成火花放电，造成套管内部乙炔严重超标。工程师判断为严重缺陷。申报缺陷停电后，对变压器三相高压套管取油样进行色谱试验，发现 A 相套管乙炔含量超标，达到了 24.3μL/L，色谱三比值为 210，呈现低能放电故障特征。进行介质损耗试验时，发现该套管电容量非常小，约为 0.15pF，远远小于铭牌上 350pF 的标称电容值，并且在升压过程中，套管内部还出现清脆的"啪、啪"放电声音。对该套管解体检查，发现套管末屏引线出现断线。

图 4-32　变压器套管末屏位置照片　　图 4-33　变压器套管末屏内部断线照片

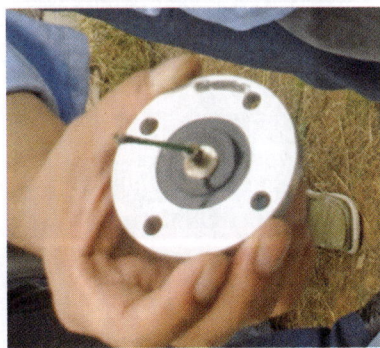

图 4-34 变压器套管末屏及外罩照片

图 4-35 变压器套管末屏局部照片

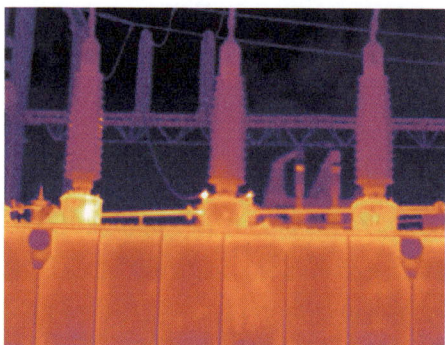

图 4-36 套管 A 相发热红外热像

图 4-37 套管 A 相末屏部位照片

图 4-38 套管进行高压试验现场照片

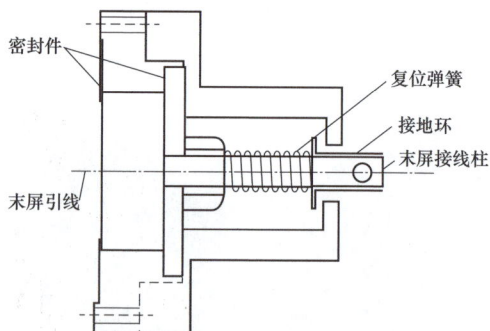

图 4-39 套管末屏接地装置示意图

2. 技术分析

(1) 电气设备中电容屏能有效改善内部电场分布，提高绝缘材料利用率，所以电容型高压套管在电力系统广泛使用。电容屏数目越多，绝缘中电场分布越均匀，但考虑设备体积和制造成本，220kV 变压器做 11～12 个屏。靠近高压导电部分的第一个屏为零屏，最外一层屏称为末屏，通过绝缘瓷套引出接地，整个电容屏全部浸在绝缘油中。运行中末屏如果开路（断线），末屏将形成高电压，极易导致设备损坏。变压器套管末屏缺陷原因：由于电容式套管末屏引线脱落，末屏引线接地端螺母松动或脱落；末屏引线太短，受拉力和接地螺母的剪切力而断线；末屏接线柱与末屏防雨罩距离较近而放电，在铝制防雨罩内产生大量氧化铝，使套管末屏通过氧化铝形成高阻值接地；试验接线时损伤末屏接线柱，产生毛刺或杂物导致接地环被卡不能完全复位。

（2）测量端子是从电容芯子最外层电容屏通过绝缘套管引出的，该层电容屏主要用来测量电容套管的介质损耗因数和电容量，从而判断电容屏的绝缘状况，掌握绝缘性能，因此也称为测量端子，用来测量变压器的局部放电。测量时通过末屏测量端子能有效地发现主屏、末屏绝缘受潮、绝缘油劣化、电容屏间开路或短路等缺陷。变压器套管末屏断线的缺陷和故障较普遍。制造阶段、运行维护阶段反事故措施：加强设备监造时的到位监督措施；重视开展高压套管的局部放电试验、取油样色谱分析、红外测温的技术监督。

（3）套管运行时末屏端子必须接地良好。从设备运行原理上讲，变压器套管末屏开路缺陷与故障必然具有热征状，红外热像能够检测到故障特征。但这类故障伴生的发热功率小、不稳定、温度传递隔着套管外套，而使温度场传递慢，红外诊断还需选择夜间（无外部温度场干扰）时机，进行精确局部测温。

3. 技术监督结论

（1）事故教训。某变电站变压器（型号为 NRPN-167/500，1986 年国外某公司生产，1987 年 11 月投入运行），在系统无操作、无负荷情况下，A 相差动保护动作跳闸，高压 A 相套管电容芯子飞出，套管末屏熔断，套管电容芯子内电极断成 4 段，套管下部绝缘成形件严重损坏。由于套管末屏接地不良产生局部放电，使主电容屏电场发生严重畸变，导致套管主绝缘击穿、爆炸。

（2）《国网十八项电网重大反事故措施》（2018 年修订版）9.5.9 中规定：加强套管末屏接地检测、检修和运行维护，每次拆/接末屏后应检查末屏接地状况，在变压器投运时和运行中开展套管末屏的红外检测。对结构不合理的套管末屏接地端子应进行改造。安装阶段和运维阶段应加强技术监督，包括不停电的红外检测、油化验；停电进行的高压试验等联合技术诊断，充分发挥各种状态检测的技术特长。

（3）《国网变压器全过程技术监督精益化管理实施细则（设备采购阶段)》——套管选型（电气设备性能）。电容式套管末屏应采用固定导杆引出，通过端帽或接地线可靠接地。新采购的套管末屏接地方式，不应选用圆柱弹簧压接式接地结构。

（4）GB 50148—2010《电气装置安装工程、电力变压器、油浸电抗器、互感器施工及验收规范》4.12.1.6 中规定套管的末屏接地应符合产品技术文件的要求。变压器出厂时存在先天缺陷，质量验收检查不细致，复位弹簧弹性不足，套管末屏焊接不牢。应加强监造过程的技术监督，施工人员精心作业，不留物象隐患（工具、螺栓松动、磕碰伤痕、绝缘布条暴露等）；监理工程师与厂家技术人员（隐蔽工程）在见证套管末屏施工质量时，应认真检查验收，并做好记录。

（5）检修试验技巧。在拆接末屏接地线时，不能让末屏接线柱跟动，如不慎轻则末屏渗油，重则末屏引线开断。末屏试验电压尽量不超过 2kV，以防末屏对地绝缘受损；试验结束恢复末屏接地后，试验人员一定要用万用表测量套管末屏接地导通是否良好。

第五章 变压器油色谱技术监督

色谱分析法是定期分析运行变压器其溶解于油中的气体组分、含量及产气速率的方法，该方法能早期发现变压器内部潜伏性故障。油务工程师将变压器油取回实验室（或现场油色谱在线检测装置），用气相色谱仪进行分析，发现变压器的局部性过热、放电等缺陷。在试验室因为不受变压器电磁场干扰，可以发现"介质损耗试验"和"局部放电法"所不能发现的严重缺陷。

色谱分析法包括：离子色谱法、气相色谱法、液相色谱法。检测原理：绝缘材料在热和电的作用下，会逐渐老化和分解，产生少量的各种低分子烃类气体及一氧化碳、二氧化碳等，产生的气体大部分溶于油中。当变压器内部故障时，会加速气体的产生，变压器内部故障的类型及严重程度与某些特征气体有着密切的关系，可以直接从绝缘油中分析各特征气体浓度的大小，进而来确定变压器内部是否有故障。

变压器内部放电对绝缘有两种破坏作用：一种是由于放电质点直接轰击绝缘，使局部绝缘受到破坏并逐步扩大，使绝缘击穿；另一种是放电产生的热、臭氧、氧化氮等活性气体的化学作用，使局部绝缘受到腐蚀，介质损耗增大，最后导致热击穿。对变压器油化验的意义在于发现油的异常变化，进一步分析油劣化的原因。油务工程师采用传统的油化验方法，开展变压器油中的糠醛含量测试、闭口闪点、带电倾向性测试、水分测试、酸值测试、击穿电压测试、老变压器补充油的混油试验，对充油变压器设备绝缘材料、导体（金属）材料的放电和发热故障，可以依靠科学手段进行有效技术监督。

第一节 变压器油色谱分析

一、变压器故障气体检测原理

1. 故障产气的特点

色谱分析能够发现设备早期的潜伏性故障，是诊断故障的存在与发展程度的依据，是电气设备绝缘监督的重要技术手段。故障产气的特征如下：

（1）故障产气的累积性。变压器内部的潜伏性故障所产生的可燃性气体，会溶解于油中，并在油中不断积累，直至饱和甚至析出气泡。

（2）故障产气的加速性（即产气速率）。正常情况充油电气设备在热和电场的作用下，也会老化分解出少量的可燃性气体，但产气速率很缓慢。当设备内部存在故障时，就会加快这些气体的产生速率。

（3）故障产气的特征性。变压器内部存在的故障不同，其产气特征也不同。如火花放电时主要产生 C_2H_2 和 H_2；电弧放电时，除了产生 H_2、C_2H_2 外，总烃量也突出；局部放电时主要是 H_2 和 CH_4；过热性故障主要是烷烃和烯烃，氢气较高；高温过热时会有 C_2H_2 出现。

（4）气体的溶解与扩散性。故障产生的气体大部分溶解在油中，随着油循环流动和时间推移，气体均匀地分布在油体中（电弧放电产气较快，来不及溶解与扩散，大部分会进入气体继电器中），这样使得取样具有均匀性、一致性和代表性，也是溶解气体分析用于诊断故障的重要依据。

2. 特征气体的检测

变压器油中溶解气体色谱分析的组分主要有 H_2、CH_4、C_2H_4、C_2H_6、C_2H_2、CO、CO_2、O_2 及 N_2。

（1）变压器发生故障，即使受潮都会产生 H_2。

（2）C_2H_2 和 H_2 是火花放电、电弧放电的主要特征气体之一，高温过热性故障（热点温度高于 800℃以上）也会产生 C_2H_2。

（3）CH_4、C_2H_4、C_2H_6 是过热故障和电弧放电产生的特征组分。

（4）CO、CO_2是用于辅助诊断故障是否涉及固体绝缘的组分。

（5）O_2 是油中总含气量分析的主要组分，O_2 含量高时，在电和热的作用下加速使固体绝缘老化，在变压器、电抗器中含气量高时易形成气桥，气桥的介电强度比变压器油低，气桥易先于油击穿（形成小桥放电）。另外，根据 O_2 的消耗情况也可判断固体绝缘氧化的大致情况，O_2 的增加及含气量的增加也有助于判断设备的密封性是否良好。

二、变压器气体含量故障诊断

1. 诊断步骤

色谱分析仪是用于色谱分离的仪器，由分离、检测、记录等系统组成，能自动描绘被测物质经色谱柱分离出的不同组分的谱峰。根据分离组分的保留数据进行定性分析，测量谱峰面积或峰高可进行定量分析。常用的检测器有热导检测器和火焰离子化检测器。对于一个有效的色谱分析结果，应按以下步骤进行诊断：判定有无故障；判断故障类型；诊断故障的状况；提出相应的处理措施。诊断故障状况：需要观察，热点温度、故障功率、严重程度、发展趋势以及油中气体的饱和水平和达到气体继电器报警所需的时间等。

2. 诊断程序

按照周期进行取样分析。分析出变压器油中溶解气体含量数据后，进行设备内部故障的诊断，见图 5-1。

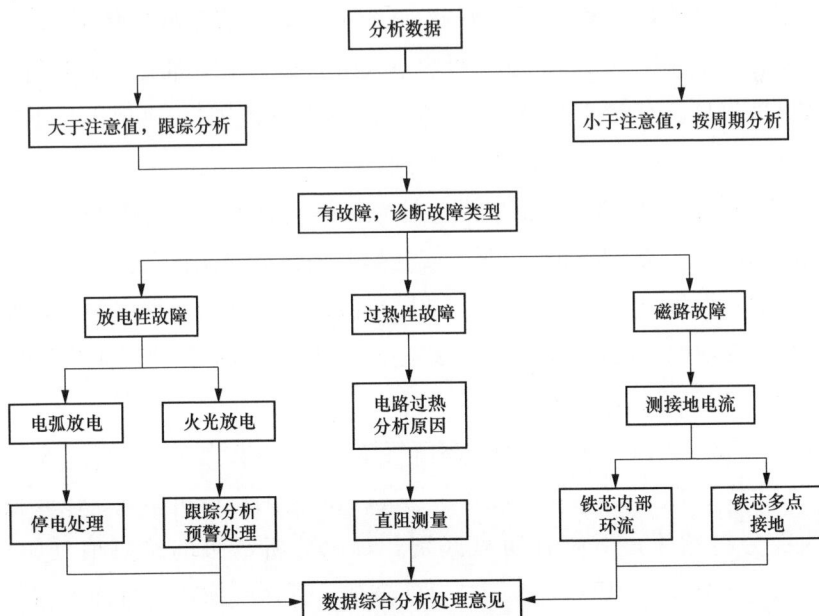

图 5-1　变压器气体含量故障诊断程序示意图

3. 故障分析

故障分析分为三类：放电性故障（电弧放电、火花放电）；过热性故障（电路发热、测量直阻）、磁路故障（铁芯环流、多点接地）。根据确定大于注意值的数据，进行综合分析，确定处理意见。

4. 诊断注意问题

在识别设备是否存在故障时，要考虑油中溶解气体含量的绝对值，应注意下列问题：

（1）注意值不是划分设备有无故障的唯一标准。当气体浓度达到注意值时，应进行追踪分析，查明原因。

（2）对于新投入运行或重新注油的变压器，短期内气体增长迅速，虽未超过气体含量注意值，但通过对比气体增长率注意值，也可以判定内部有异常。

（3）注意区别非故障情况下的气体来源，进行综合分析。

1）在某些情况下，有些气体可能不是设备故障造成的。如油中含有水，可以与铁作用生成氢；过热的铁芯层间油膜裂解也可生成氢。新的不锈钢在加工过程或焊接时吸附氢，而又慢慢释放至油中。特别是在温度较高、油中有溶解氧时，设备中某些油漆（醇醛树脂）在某些不锈钢的催化下，甚至可能产生大量的氢气。某些改型聚酰亚胺型的绝缘材料也可生成某些气体溶解于油中。设备检修时，暴露在空气中的油可吸收空气中的 CO_2 等，油在阳光照射下也可以生成某些气体。有些油初期会产生氢气（在允许范围），以后逐步下降。因此应根据不同的气体性质，分别予以处理。

2）当油色谱数据超注意值时还应注意：排除有载调压变压器中，切换开关油室的油向变压器本体油箱渗漏，或选择开关在某个位置动作时，悬浮电位放电的影响。设备曾经有过故障，而故障排除后绝缘油未经彻底脱气，部分残余气体仍留在油中。设备带油补焊。原注入的油中就含有某些气体等可能性。

5. 故障诊断标准

DL/T 722—2014《变压器油中溶解气体分析和判断导则》规定，对出厂和新投运（大修）的变压器要求为：出厂试验前后的两次分析结果，以及投运前后的两次分析结果，不应有明显区别。对比分析结果的绝对值（如总烃、C_2H_2、H_2、CH_4 等）某一项指标超过注意值，且产气速率超过注意值，判定为存在故障。这是我们判定正常设备和怀疑有故障设备的主要法定标准。新设备溶解气体注意值，见表 5-1。比如：新设备 220kV 及以下变压器溶解气体注意值，氢气含量应小于 30（μL/L），乙炔含量应小于 0.1（μL/L）。运行中油中溶解气体含量注意值，见表 5-2。比如：220kV 及以下变压器溶解气体注意值，氢气含量应小于 150（μL/L），乙炔含量应小于 5（μL/L）。

表 5-1　　　　　　　新设备投运前油中溶解气体注意值　　　　　（μL/L）

设备	气体组分	含量	
		330kV 及以上	220kV 及以下
变压器	氢气	<10	<30
	乙炔	<0.1	<0.1
	总烃	<10	<20
互感器	氢气	<50	<100
	乙炔	<0.1	<0.1
	总烃	<10	<10
套管	氢气	<50	<50
	乙炔	<0.1	<0.1
	总烃	<10	<10

表 5-2　　　　　　　运行中油中溶解气体含量注意值　　　　　　（μL/L）

设备	气体组分	含量	
		330kV 及以上	220kV 及以下
变压器	氢气	150	150
	乙炔	1	5
	总烃	150	150
电流互感器	氢气	150	300
	乙炔	1	2
	总烃	100	100
电压互感器	氢气	150	150
	乙炔	2	3
	总烃	100	100
套管	氢气	500	500
	乙炔	1	2
	总烃	150	150

三、案例分析

案例1: 产气速率判断变压器内部故障诊断

1. 事故过程

(1) 分接开关Ⅲ挡动、静触头烧损。某台变压器型号 SFSZL6—31500/110(有载调压,1980 年产品),投入运行后第 3 天,发生轻瓦斯动作一次,两个月后轻瓦斯再次动作多次报信号。绝对产气率为 662mL/天(大于 12mL/天),产气率增长证明变压器内部有潜伏性故障。气样数据分析 CH_4 是主要成分,采用三比法进行计算,其编码组合为 020,判断为 150~300℃的温度范围的过热故障。由于 CO、CO_2 的含量无异常,认为过热不涉及固体绝缘。推断过热原因是铁芯局部过热、接头接触不良引起的。进行直流电阻、绕组绝缘电阻、铁芯对地的电气试验,发现 35kV 侧直流电阻值异常。吊罩发现 35kV 分接开关 C 相Ⅲ挡的动、静触头有烧损痕迹(调挡时未到位)。

(2) 铁芯夹件与铁芯之间遗存螺母。某台变压器的绝对产气速率远大于规定值,故障点的气体上升速度很快。判断变压器内部异常运行,并缩短跟踪周期进行跟踪分析。经停电检查,一个"M20 镀锌螺母"夹在 10kV 低压侧 B、C 两相之间下部的铁芯夹件与铁芯之间,有明显放电痕迹,见图 5-2;取出螺母后,测量变压器铁芯绝缘电阻为 5000MΩ,变压器铁芯多点接地故障消除。

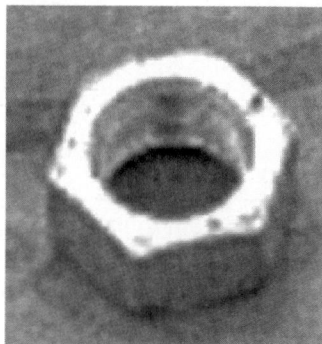

图 5-2　螺母与铁芯夹件放电照片

(3) 线圈内径侧纸板安装的叠装缺陷。2017 年某 500kV 变电站 2 号变压器 B 相在线监测装置数据首次出现乙炔,含量由 $0\mu L/L$ 突增至 $6.15\mu L/L$,超过注意值。之后 2 变压器 B 相停电检修,其间局部放电试验不合格,初次施加升压至试验电压 39.4kV,高压侧出现较大局部放电信号 7000p,并且完成 A、B、C 相直流电阻、绝缘电阻、介质损耗因数和电容量等例行试验项目,均未见异常。经现场综合论证,决定返厂大修处理故障。解体后,发现高压线圈内径侧第一道纸板由两张纸板叠装,叠装搭接处存在台阶,形成小油隙,杂质从

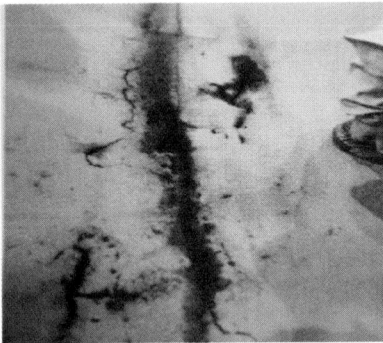

图 5-3　高压线圈纸板叠装处放电照片

纸板下端进入油隙，在高压场强作用下形成局部放电，见图 5-3。采取措施：省公司专家通过对同时期、同类型产品运行情况统计，本次故障为偶发性故障，A、C 相发生同类故障的可能性较低。要求变压器厂家对故障变压器重新设计器身绝缘结构，将原来 2mm 纸板叠装结构更改为单层纸筒，并加强对 A、C 相变压器的色谱跟踪。

（4）将手电筒遗忘变压器内部。某 220kV 变压器运行一年后，取油样发现色谱分析异常，乙炔含量超过注意值，初步判断内部存在连续性火花放电。于是缩短变压器油取样周期，进行色谱跟踪分析。停电后进入变压器本体检查，发现 A 相高压侧调压分接线垫块上有一金属外壳的手电筒。手电筒已被放电熏黑，接线垫块局部已碳化、烧焦。

2. 技术分析

正常运行的变压器内部没有明显的气体分解产物，当变压器内部发生故障时，因故障区的电弧放电和高温产生大量气体分解产物，如：①分接开关Ⅲ挡动、静触头烧损，气样数据分析 CH_4 反映变压器内部有潜伏性故障。②铁芯夹件与铁芯之间遗存螺母，变压器的绝对产气速率大于规定值，判断变压器内部有放电现象。

3. 技术监督结论

变压器气体含量故障诊断程序，是预判变压器内部故障的有效方法。油务专业班根据故障诊断程序所述不同状态，利用产气率增长的现象，发现变压器的放电性、过热性故障、磁路故障，证明油色谱数据分析是技术监督的有效方法。

案例 2： 变压器内部金属放电故障诊断

1. 事故过程

某 110kV 变电站 2 号变压器差动保护动作，变电二次运检专业对相关设备、回路进行检查，传动正确，未发现问题。电气试验专业也按常规交接项目进行试验，也未发现问题。但油色谱分析结果（五次取样）却显示油中乙炔

(C_2H_2) 含量从 0 突然增长 2.69μL/L，色谱分析试验数据十天后乙炔增长到 5.58μL/L。总经含量也有所增长，呈火花放电性故障特征。

2. 技术分析

从色谱试验数据来看，该 2 号变压器内部存在火花放电故障，依靠常规的高压试验方法不能有效发现问题。通过分析，建议 2 号变压器暂不加入运行，需要增加非常规测试手段，如局部放电试验。由于在局部放电试验中发现，该变压器中压侧绕组无法建立起来试验电压，于是进行低电压空载试验，数据显示缺陷严重。通过数据对比可以发现：凡是涉及 B 相绕组的试验结果均明显增大，所以 B 相存在故障的可能性极大。经过综合分析认为，该主变压器绕组存在严重问题，建议进行吊罩处理。

3. 技术监督结论

该变压器吊罩后，外部观察只可检查到高压侧绕组，未发现问题。后经返厂大修发现变压器中压 B 相绕组变形，层间、匝间绝缘破坏，但未直接接触。检查的结果，证明色谱分析和电气试验相结合，准确地判断出了变压器的潜伏性故障。

第二节　变压器油色谱在线检测装置分析

一、油色谱在线监测原理

变压器油中溶解气体含量在线监测，是为了弥补其实验室周期分析的不足而采用的新方法。实验室油中溶解气体的气相色谱分析，是间隔一定时间的周期分析，它能够检测出变压器内部潜伏期长、发展缓慢的故障。发电厂因监督分析的设备数量有限，缩短实验室分析周期是可行的。由于供电系统监督的设备数量多、变电站网点分散等，缩短实验室分析周期则非常困难，因此在线检测是较为可行、经济的选择。理论上说，即使突发性故障，也有一个发生、发展的时间过程，及时进行在线监测分析，监控缺陷，可以在很大程度避免突发性事故。目前，国内外对变压器油中溶解气体的在线监测技术较成熟，一般是每天（24h）监测一次。

在线监测数据是实验室检测的补充手段，主要作用是捕捉变压器内部可能发生的故障能量高、发展速度快的异常情况。在线监测装置是连续运行的设备，在电、磁干扰的运行环境下，其装置的自动化程度高、安全、稳定、可靠性好。因此，要求其对组分的监测速度快、监测灵敏度高，分析数据的重复性好，能迅速反应设备内部油中溶解气体的变化情况。

色谱在线装置采用色谱分析原理，应用实验室的动态顶空脱气技术和高灵敏度微桥式检测器，实现对变压器油中七种组分检测。且可以在变压器不停电时，定期对内部状况进行监测。检测组分有：H_2、CO、CO_2、CH_4、C_2H_4、C_2H_6、C_2H_2；整套系统集色谱分析、自动控制、数据通信、专家诊断等技术于一体，通过对绝缘油中溶解气体的测量和分析，能够及时发现和诊断其内部故障，实现对大型变压器内部运行状态的在线监控。

二、油色谱在线监测系统工作流程

变压器油色谱在线监测系统由色谱检测系统、油气分离系统、油循环系统、电路控制系统等几大部分组成，见图5-4。

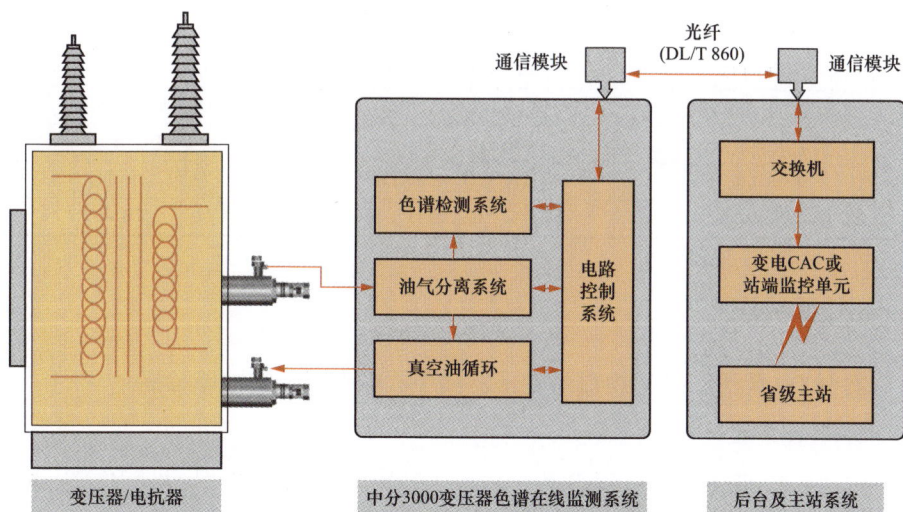

图 5-4　变压器油色谱在线监测系统示意图

首先通过取油阀取油到设备内，通过动态顶空（吹扫-捕集）脱气技术，将变压器油中微量气体分离出来，通过载气携带到检测器内进行检测分析，将分析后的数据打包上传到后台，后台整合后通过内网上传给主站，主站会将数据整合到 PMIS。整个过程主机在不断电的情况下全自动运行，维护量小。

三、色谱在线检测的工程意义

根据 DL/T 722—2014《变压器油中溶解气体分析和判断导则》的规定，应对运行中的变压器、电抗器进行油中溶解气体数据进行收集，对不同故障类型产生的气体进行分析判断，以确定变压器内部存在的各类设备缺陷性质，见表 5-3。对于 750kV 及以上、±400kV 及以上、500kV（330kV）电压等级的油浸式变压器、电抗器，应配置油中溶解气体在线监测装置；对于 220kV、110kV（66kV）电压等级的油浸式变压器，宜配置油中溶解气体在线监测装置。存在以下情况之一的宜配置油中溶解气体在线监测装置：① 存在潜伏性绝缘缺陷；② 存在严重家族性绝缘缺陷；③ 运行时间超过 15 年；④ 运行位置特别重要。

表 5-3 运行变压器不同故障类型产生的气体

故障类型	主要特征气体	次要特征气体
油过热	CH_4，C_2H_4	H_2，C_2H_6
油和纸过热	CH_4，C_2H_4，CO	H_2，C_2H_6，CO_2
油纸绝缘中局部放电	H_2，CH_4，CO	C_2H_4，C_2H_6，C_2H_2
油中火花放电	H_2，C_2H_2	
油中电弧	H_2，C_2H_2，C_2H_4	CH_4，C_2H_6
油和纸中电弧	H_2，C_2H_2，C_2H_4，CO	CH_4，C_2H_6，CO_2

四、案例分析

案例 1：某±800kV 换流站变压器油中放电在线监测故障诊断

1. 事故过程

（1）乙炔和氢气增长较明显。某±800kV 换流站于 2021 年 5 月，安装了"色谱在线监测系统"，安装后两个月，变压器的油色谱在线监测结果数据稳定，检测结果与离线色谱比较一致。2021 年 8 月 10 日，一台油色谱在线监测装置数据呈现增长趋势，超过了预设的报警值并报警。特征气体中以乙炔和氢气增长较明显，其他组分略微增长。运行人员在例行巡视中，发现并及时上报，组织人员进行取油做离线色谱试验，测试结果和在线一致。随后采取紧急措施，避免了一次恶性事故的发生。追踪数据见表5-4和表5-5。

表5-4　　　　　　　　　　变压器油色谱在线试验数据

序号	试验日期	甲烷	乙烯	乙烷	乙炔	氢气	一氧化碳	二氧化碳	总烃
1	2021年5月20日	12.2	1.01	2.05	0.50	2.06	1102	3321	15.76
2	2021年6月20日	13.3	1.03	2.01	0.42	2.08	986	3215	16.76
3	2021年7月15日	12.3	0.98	2.00	0.40	2.10	959	3125	15.68
4	2021年7月20日	18.52	3.21	3.02	32.51	72.12	995	3421	57.26
5	2021年7月21日	17.56	3.26	3.52	35.59	79.5	1098	3452	59.93
6	2021年7月22日	17.50	3.24	3.12	39.0	86.51	988	3562	62.56

表5-5　　　　　　　　　　变压器油色谱试验室数据

序号	试验日期	甲烷	乙烯	乙烷	乙炔	氢气	一氧化碳	二氧化碳	总烃
1	2021年2月10日	12.0	1.02	2.04	0.46	2.02	1100	3325	15.52
2	2021年3月15日	13.2	1.00	2.02	0.43	2.02	988	3215	16.65
3	2021年4月13日	12.5	0.99	2.00	0.42	2.11	955	3124	15.58
4	2021年5月18日	13.52	0.21	2.03	0.51	2.12	996	3221	16.27
5	2021年6月20日	12.56	1.26	2.52	0.59	2.15	899	3152	16.93
6	2021年7月21日	18.50	3.22	3.21	38.0	85.51	989	3462	62.93

（2）过热引起的总烃超标。某220kV变电站1号变压器于2008年3月安装了"中分3000油色谱"在线监系统。2012年5月，"中分3000油色谱"在线检测到变压器内部总烃略有增长，在主设备的正常运行范围内。在7月持续追踪中发现总烃有了明显增长，从7月8日的115ppm到7月22日增长至429ppm，24日变更试验周期后数据继续增至540ppm，通过"中分3000油色谱"分析的技术监督指导，停电进行检修，发现变压器是由于过热引起的总烃超标。

2. 技术分析

（1）在线监测与实验室数据的比较。"色谱在线监测系统"对变压器内部故障信息预报及时、准确，值得总结经验，进一步加强"色谱在线监测系统"的管理和推广普及率，能够提高技术监督的效率。

（2）在线监测及时发现变压器内部的过热故障。在变压器内部故障追踪过程中，"中分3000油色谱"在线监测装置为故障判断及设备检修提供了重要依据。

3. 技术监督结论

（1）油务专业人员采用"中分3000油色谱"在线监测装置的分析方法，

结合变压器现场运行状态，发现变压器油的总烃增长异常数据。有效关注异常数据细节，避免了一次变压器损坏的事故。提高油务人员技术水平和责任心，积累运行操作经验是做好变压器技术监督的重要条件。

（2）变电站值班员发现"在线监测数据异常"并及时上报、处理缺陷，显示了各专业的技术协作的重要性。

案例2：变压器油含气量色谱在线监测故障诊断

1. 事故过程

某变电站由三台500kV单相变压器组成，2000年5月投运（1999年生产），强迫油循环导向风冷，绝缘油为新疆克拉玛依25号变压器油。该变压器2005年以前运行及测试结果均正常。2006年10月变压器油在线监测装置显示A相气体总量大于3%，至2007年5月，达3.97%；超出输变电设备状态检修试验规程的注意值范围。随即进行了绝缘油真空脱气处理，对变压器进行了电气试验，并进行外观检查，没有发现问题。该变压器恢复运行至2007年11月以后，变压器油色谱在线监测装置再次显示含气量异常，监测数据见表5-6。

表5-6　　　　　　　　　油色谱在线监测数据

序号	分析日期	含气量（%）	备注
1	2007年5月12日	2.81	
2	2007年5月14日	2.85	
3	2007年5月16日	2.89	
4	2007年5月18日	3.23	
5	2007年5月20日	3.45	
6	2007年5月21日	3.44	
7	2007年5月24日	3.52	
8	2007年5月26日	3.63	
9	2007年5月28日	3.68	
10	2007年11月2日	3.73	
11	2007年11月4日	3.74	
12	2007年11月6日	3.77	
13	2007年11月8日	3.72	
14	2007年11月10日	3.75	
15	2007年11月12日	3.74	
16	2007年11月14日	3.76	
17	2007年11月16日	4.02	

2. 技术分析

（1）变压器绝缘油中溶解气体应来自两方面：一是来于变压器内部：过热或火花放电故障所产生的气体，二是来自外部的气体侵入。而上述变压器油色谱分析，7种特征气体：H_2、CH_4、C_2H_6、C_2H_4、C_2H_2、CO、CO_2等气体含量均为正常值。从监测的数据看出，含气量超标的主要成分为氮气和氧气，是空气的主要成分，因此判定其含气量超标的主要原因是油中混入了空气。2008年9月，变压器进行了停电检查处理。

（2）变压器漏气点排查。根据现场实际情况判断，导致变压器箱体进入空气的部位可能有以下几处：

1）变压器外壳漏点排查：变压器的密封不良是造成含气量增大的主要原因。对箱体各部位密封件、附件的连接管道、外壳焊接缝隙和壳体砂眼等全面检查，没有发现变压器箱体以及套管表面有明显的渗漏油痕迹。

2）变压器储油柜胶囊破裂检查：现场取出储油柜中的胶囊，采取对胶囊"充氮检漏"方法进行试验，胶囊内充入20kPa压力的高纯氮气体，并维持30min，观察气压表并没下降；确认储油柜胶囊的密封良好。

3）对潜油泵检查时，发现在不容易观察的1号潜油泵法兰连接处有轻微油污，通过检查连接螺丝，发现油污旁几个螺丝轻微松动，初步确定是1号潜油泵法兰连接处螺丝松动，此处密封不良，怀疑此负压区有空气进入；随即进行了密封处理。

（3）运行中绝缘油中的气体，一般是以溶解状态和游离状态存在的，当周围温度、压力骤变时，会使气体从油中析出来，析出的气体聚集成气泡，这些气泡在强电场的作用下，会把气体拉成长体，极易发生气体的碰撞和游离。因为气泡在高场强作用下，气泡内的气体产生带电离子，使其电流瞬间增大，气体被击穿，使油的绝缘性能下降。综合原因分析：变压器设备关键点密封不严，如潜油泵处漏气，充氮灭火装置泄漏、胶囊或波纹膨胀器漏气等。该变压器冷控装置油泵采用盘式电动机，运行部件年久老化，密封不严。电动机参数：功率35kW、流量135m^3/h、转速900r/min、扬程4.6m、电流9A、电压380V、出厂日期1999年12月。

3. 技术监督结论

（1）与变压器制造厂联系，进行变压器设备各部位的严密性处理。在检查处理结束以后，进行抽真空注油。在变压器箱体全密封的状态下，对主变压器绝缘油进行脱气处理；处理过程为尽量减少绝缘油与空气的接触，避免补充油时混入空气，使变压器箱体处于全密封状态。

（2）在处理过程中，多次取油样进行分析，检查处理效果。按照上述方案，将变压器油含气量处理至 0.5％以下；恢复运行后，利用色谱在线监测系统跟踪 3 个月分析均正常，见表 5-7，2008 年 10 月以后，变压器绝缘油气体含量几乎没有变化。

表 5-7 色 谱 在 线 监 测 数 据

序号	分析日期	含气量（％）	备注
1	2018 年 10 月 12 日	0.54	
2	2018 年 10 月 14 日	0.51	
3	2018 年 10 月 16 日	0.56	
4	2018 年 10 月 18 日	0.57	
5	2018 年 10 月 20 日	0.59	
6	2018 年 10 月 21 日	0.60	
7	2018 年 10 月 24 日	0.61	
8	2018 年 10 月 26 日	0.58	

装入设备中的油品应符合 GB/T 7595—2000《运行中变压器油质量标准》规定：500kV 运行变压器油中气体含量不大于 3％，以减少气隙放电和延缓油质劣化的可能。但油中的含气量与运行变压器设备各部位的密封性能和油的净化设备的脱气能力有很大的关系。

（3）对变压器油，用滤油机进行过滤，在过滤过程中对油样中含气量进行监控，符合 GB/T 7595—2017《运行中变压器油质量》中对变压器油含气量的要求。油中的气体含量（总含气量）为油中所有溶解气体含量的总和，用体积百分数表示。总含气量主要是指设备油中的空气含量。对变压器要求装入设备中的油品应符合表 5-8 的要求，以减少气隙放电和延缓油质劣化的可能。但油中的含气量与变压器各部位设备的密封性能有很大的关系。因为漏气处的隐蔽性，这也是变压器技术监督的难点。

表 5-8　　　　　　　　　　运行中变压器油中含气量质量标准

电压等级（kV）	油中含气量质量指标	
	投入运行前的油	运行前
750～1000 330～500 电抗器	<1	≤2 ≤3 ≤5

第三节　变压器油其他试验

充油电气设备所用材料包括绝缘材料、导体（金属）材料两大类。绝缘材料主要是绝缘油、绝缘纸、树脂及绝缘漆等；金属材料主要是铜、铝、硅钢片等材料，故障中产生的气体主要来源绝缘纸和变压器油的热解裂化。

绝缘油的劣化产气分析：绝缘油是由许多不同分子量的碳氧化合物分子组成的混合物。由电场或热故障的结果，通过复杂的化学反应迅速重新化合，形成氢气和低分子烃类气体，如甲烷、乙烷、乙烯、乙炔等，也可能生成碳的固体颗粒及碳氢聚合物（X 蜡）。故障初期，所形成的气体溶解于油中，当故障能量较大时（低能量、高能量放电性故障）也可能聚集成游离气体。如：变压器绝缘油里分解出的气体形成气泡，在绝缘油里经对流、扩散不断地溶解在油中。故障气体的组成和含量与故障的类型及其严重程度有关。因此，分析溶解于油中的气体就能尽早发现设备内部存在的潜伏性故障，并可随时监视故障的发展状况。油中溶解气体分析技术的应用效果良好，经过长期实践所进行的多种油化验分析试验，是判断变压器油内部缺陷的基本方法。

案例 1：变压器油中的糠醛含量测试（高效液相色谱法）

1. 故障过程

某油化班在对运行 4 年 220kV 的变压器，进行糠醛测试的测试值为 0.15mg/L，超出了糠醛含量注意值。合格的新变压器油不含糠醛，变压器内部非纤维素绝缘材料的老化也不产生糠醛。变压器油中的糠醛，是唯有纸绝缘老化才生成的产物。因此，测试油中糠醛含量，可以反映变压器纸绝缘的老化情况。

多年运行的变压器，当绝缘纸（板）劣化时，纤维素降解生成一部分的葡萄糖单糖，在变压器运行温度下容易分解，产生一系列氧杂环化合物溶解在变压器油中。糖醛是纤维素大分子降解后生成的一种主要氧杂环化合物。

用色谱分析判断设备内部故障时，CO 和 CO_2 可作为固体绝缘材料分解产生的特征气体，但是绝缘油的氧化分解产物中也含有这两种气体，并且分散性较大。所以，将其作为固体绝缘的判断依据，就不一定确切。测定油中糠醛含量，可在一定程度解决上述难题。

2. 技术分析

测试意义：变压器的寿命实质上就是固体绝缘材料的寿命，糠醛含量的测定是判断变压器绝缘纸是否老化的重要指标。油中糠醛的含量虽然能反映绝缘老化的情况，但其测定结果会受多种因素的影响。因此，设备在运行过程中可能会出现糠醛含量的波动，其影响因素主要：

（1）作为一般多相平衡体系，糠醛在油和纸之间的吸附与解析的平衡关系受温度的影响，这类似油中溶解气体的隐藏特性，变压器运行温度（油温、绕组温度）变化时，油中糠醛含量也随之波动。

（2）变压器进行真空脱气处理时，随着脱气真空度的提高、滤油温度的升高、脱气时间的增加，油中糠醛含量相应下降（但由于糠醛密度略大于油，运动黏度比油大，且常压沸点较高，为 161.7℃，真空脱气无法将其除掉）。

（3）变压器油中放置硅胶（吸附剂）后，由于硅胶的吸附作用，油中糠醛含量明显下降。每次更换吸附剂后可能会出现一个较大的降幅。

（4）变压器换新油或油经处理后，油中糠醛含量先大幅度降低，但由于绝缘纸中仍然吸附有原变压器油和糠醛，会逐渐解析扩散到新油中，因此，随着时间增长，油中糖醛含量逐渐回升而最终趋于稳定。

3. 技术监督结论

（1）为了避免由于更换新油或油处理以及更换硅胶（或其他吸附剂）造成变压器油中糖能含量降低，影响连续监测变压器绝缘老化状况，应当在更换新油或油处理以及更换吸附剂之前及以后数周各取一个油样，以便获得油中糖醛变化的数据。

（2）对于非强油循环冷却的变压器，油处理后可适当推迟取样时间，以便使糠醛在油相与纸中的分配达到平衡。

（3）警戒极限。为了判断变压器固体绝缘的整体老化情况，DL/T 984—

2005《油浸式变压器绝缘老化判断导则》规定，定期对运行中、后期变压器油进行油中糠醛含量的测定，并给出不同运行年限变压器油中糠醛含量的注意值，见表 5-9。比如：1～5 年的糠醛含量 0.1mg/L；15～20 年的糠醛含量 0.75mg/L。当测得油中糖醛含量超过表 5-9 该项数值时，一般为非正常老化，需跟踪检测。跟踪检测时，应注意增长率。当测试值大于 4mg/L 时，认为绝缘老化已比较严重。

表 5-9　　　　　　　　设备运行年限与油中糠醛含量注意值

运行年限（年）	1～5	5～10	10～15	15～20
糠醛含量（mg/L）	0.1	0.2	0.4	0.75

案例 2：老变压器补充油的混油试验

混油试验原理：

（1）DL/T 429.6—2015《电力用油开口杯老化测定法》规定：对补充油样进行全面检测，以确定其检测结果符合相关运行油的质量标准后，将分别装有运行油样、补充油样和混合油样（油样中含有铜催化剂）的烧杯。放入温度为（115±1）℃的老化试验箱内 72h，取出后分别对老化后各油样的酸值、油泥等项目进行测试，根据油品运行维护管理导则，判断是否可以混合使用。

（2）DL/T 429.7《油泥析出测定法》规定：取按实际比例混合的油样 10mL 于 100mL 带磨口塞的量筒中，用不含芳香烃的正庚烷或石油醚（沸点范围 60～90℃）稀释至 100mL，摇匀，放在暗处 24h 后，取出观察是否有沉淀物析出。如无沉淀物产生，方可混合使用。

1. 故障过程

某台 110kV 变压器型号 SFSZL6-31500/110，因运行多年，长期承担大负载运行，油质逐步劣化，进行新油补充。补充新油后，进行混油试验发现油中有杂质污染和油泥析出，出现沉淀物，于是邀请专家分析原因解决问题。

2. 技术分析

（1）随着油品氧化程度的加深，油中含有各种酸及酸性物质，它们会提高油品的导电性，降低油品的绝缘性能。

（2）在运行温度较高时，还会促使固体纤维质绝缘材料老化。有水分子存在，就会降低设备的电绝缘水平，缩短设备的使用寿命。

（3）油质深度劣化的最终产物是油泥。油泥是一种树脂状的部分导电物质，能适度溶于油中，最终会从油液中沉淀出来并形成黏稠状沥青质，黏附于绝缘材料、变压器壳体上，加速固体绝缘破坏，导致绝缘收缩，影响散热。

（4）变压器油老化严重时，和新油混合易生成油泥。若变压器油颜色很深，不透明，有可见杂物或油泥沉淀，可能是油过度劣化或污染，油中含有水分或纤维、炭黑及其他固形物。酸值增大的原因较多，设备超负荷运行、油中抗氧化剂减少是主要原因。

3. 技术监督结论

（1）混油试验检查了新油和运行油是否能够相混合，也检查了绝缘油劣化、老化情况，有助于正确评价变压器油的质量和变压器内部状况。

（2）若是油品老化试验不合格时，可采取如下措施：投入净油器，适当补加抗氧化剂，对油进行吸附处理，对变压器油进行再生或更换油品。

（3）变压器需要补充油时，根据油的相容性，应优先选用符合新油标准的未使用过的变压器油。最好补加同一油基、同一牌号及同一添加剂类型的油品。补加油品的各项特性指标都不应低于变压器内的油。当新油补入量较少时，如小于5%时，通常不会出现任何问题；但如果新油的补入量较多，在补油前应先按 DL/T 4297—1991 做油泥析出试验，确认无油泥析出，酸值、介质损耗因数值不大于设备内油时，方可补油。

（4）在进行混油试验时，油样的混合比应与实际使用的比例相同；如果混油比无法确定时，则采用1:1（质量比例）混合进行试验。

案例3：测量变压器油的闭口闪点

1. 故障过程

某油化班进行 220kV 变压器油闭口闪点的预防性试验，各项试验指标合格，数据见表 5-10。

表 5-10　　　　　　　　　变压器油闭口闪点试验数据

设备名称	电压等级（kV）	试验项目：闭口闪点（℃）
1 号变压器	220	149
2 号变压器	220	145

2. 技术分析

（1）敞口杯法测定的闪点比闭口杯法低 15～25℃，闪点的高低与油的分子组成及油面上的压力有关，压力高，闪点高。测量闪点是防止油类发生火灾的一项重要指标，闭口闪点自动检测仪及闭口局部照片，见图 5-5。

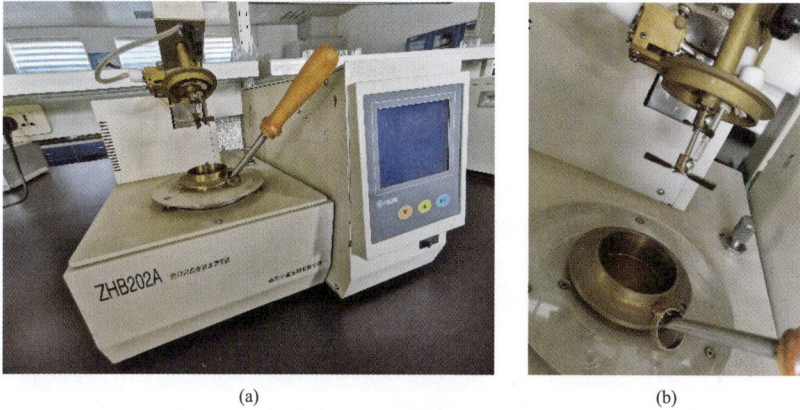

图 5-5　闭口闪点自动检测仪及闭口局部照片
(a) 检测仪；(b) 闭口局部

（2）闭口闪点是指在规定试验条件下，试验火焰引起试样蒸汽着火，并使火焰蔓延至液体表面的最低温度。此温度为环境大气压下的闪点，再用公式修正到 101.3kPa 标准大气压下，即为油样的闭口闪点值。

（3）试验原理。在规定的条件下，将油品加热，随油温的升高，油蒸气在空气中（油液面上）的浓度也随之增加，当升到某一温度时，油蒸气和空气组成的混合物中，油蒸气含量达到可燃浓度。如将火焰靠近这种混合物，它就会闪火，把产生这种现象的最低温度称为石油产品的闪点。闭口闪点仪器一般采用自动升降杯盖、自动升温、自动点火、自动捕捉闪点的全自动模式。点火方式有电点火和气点火两种形式可以选择。闪点的捕捉方式有火焰导电感应式和压力感应等检测方式，温度的测量一般都使用铂电阻。

3. 技术监督结论

（1）运行矿物绝缘油用于变压器等密闭容器内。在使用过程中由于设备内部发生电流短路、电弧等作用，引起设备局部过热而产生高温，使油品可能形成轻质分解物。这些轻质成分在密闭容器内蒸发，一旦与空气混合后，有着火或爆炸的危险。如用开口杯测定，可能发现不了这种易于挥发的轻质成分的存在，所以闭口闪点可鉴定运行矿物绝缘油发生火灾的危险性。闪点越低，油品越易燃烧，火灾危险性越大。日常工作中，需按闪点值的高低确定其运送、储存和使用过程中各种防火安全措施。

（2）根据闪点超标原因分析：出现闪点值超标是因为变压器存在局部过热现象、电故障或补错了油。根据试验数据及变压器等级的不同，可采取如下措施：检修消除电故障，进行真空脱气处理；更换变压器油。

案例 4：绝缘油带电倾向性测试

1. 故障过程

某油务化验班采用变压器绝缘油带电倾向性的现场测试方法，检测供电公司所辖 220kV 变压器 12 台，发现一台变压器存在绝缘油带电倾向性缺陷，进行原因分析、状态检修。

高电压等级的大型电力变压器投运以来，因油流带电问题引起设备的间歇放电性故障越来越多，直接危害变压器运行的可靠性。经过长期的分析研究，发现在固体和液体的交界面上，固体一侧带一种电荷，另一侧带异种电荷，且液体中的电荷分布密度与离交界面的距离有关。距离越近，电荷密度越高，且不随液体流动；反之，电荷密度越低，且随液体流动。实际上，电荷密度最大的部位都是流速最大的部位，即节流部位。因此带电倾向性测试可监控油流带电的变化倾向，保障大型变压器的运行安全。

2. 技术分析

试验原理：变压器油带电倾向性检测方法采用过滤法测试，油样以一定的流速通过滤纸摩擦产生电荷电流，其原理见图 5-6 和图 5-7。基本原理是：仪器自动抽取一定量的待测绝缘油油样，通过气体加压泵的运行，使油样自动以一

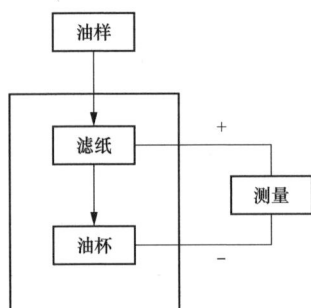

图 5-6　带电倾向测试原理示意图

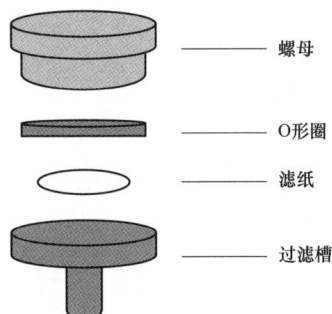

图 5-7　带电倾向测试滤纸安装图

定流速流过装有特定化学滤纸的过滤器而产生静电。准确测量产生的静电电流的大小，就可以得到单位体积绝缘油产生的电荷一定的带电度。

3. 技术监督结论

（1）带电度（带电倾向）油在变压器内流动时，与固体绝缘表面摩擦会产生电荷，通常用油流带电度来表征其产生电荷的能力。

（2）引用标准 GB/T 14542—2017《变压器油维护管理导则》运行变压器油维护管理导则、DL/T 385—2010《变压器油带电倾向性检测方法》。

（3）精密度分析。测试结果应符合 DL/T 385—2010《变压器油带电倾向性检测方法》中 8.1 对重复性的要求，应达到：带电倾向性在 80～100C/mL 时，两次测定值之差应小于平均值的 15％；带电倾向性大于 100/mL 时，两次测定值之差应小于平均值的 15％。

（4）预控措施。油流的流速对油流带电的影响最大，油的流速越高，带电越严重，为了控制油流带电，变压器油的流动速度应低于 1m/s。油温升高，油流带电更为严重，油流带电峰值出现在 20～60℃的范围内，应采取措施控制变压器的运行温度。

案例 5：变压器绝缘油水分测试

1. 故障过程

某油化验班对某 220kV 变压器进行绝缘油水分测试时（采用微量水分全自动检测仪），发现测试数据超出绝缘油水分质量标准，并进行原因分析，见表 5-11。

表 5-11　　　　　　　　　　绝缘油水分质量标准

电压等级（kV）	水分质量标准（mg/L）		
	新绝缘油	投运前	状态检修例行试验
330～1000	报告	≤10	≤15（330kV 及以上）
220		≤15	≤25（220kV 及以下）
≤110 及以下		≤20	

水分是指变压器绝缘油中含有的极为微量的水分。运行变压器绝缘油中一般含有微量的水分，水分是影响设备绝缘老化的重要因素。含水量增加，会促使其老化并使绝缘性能下降，影响设备可靠性和导致寿命的降低。所以，必须

严格监控微量水分指标。

运行变压器绝缘油中的水分，主要是外部侵入和内部自身氧化产生的。如变压器在安装过程中，干燥处理不彻底（如绝缘绕组未干燥透等）；或在运行中由于设备的缺陷（如循环泵密封不严密），而使水分侵入运行变压器绝缘油中。另外，运行矿物绝缘油在使用中，由于运行条件的影响，会逐渐地氧化，在自身氧化的过程中，也伴随有水分的产生。

2. 技术分析

（1）库仑法原理。在有水时，碘被二氧化硫还原，在吡啶和甲醇存在的情况下，生成氢碘酸吡啶和甲基硫酸氢吡啶。反应式如下：$I_2 + SO_2 + 3C_5H_5N + CH_3OH + H_2O = 2C_5H_5N \cdot HI + C_5H_5N \cdot HSO_4CH_3$ 在电解过程中，电极反应产生的碘又与试油中的水分反应生成氢碘酸，直至全部水分反应完毕为止，反应终点用一对铂电极所组成的检测单元指示。在整个过程中，二氧化硫有所消耗，其消耗量与水的克分子数相等。依据法拉第电解定律，得出样品中的水分含量。

（2）放电机理。变压器绝缘油的含水量对击穿强度有重要影响。含水量微小时，水分均以溶解状态存在，对击穿电压影响不大。当含水量增加到超过溶解度时，多余的水分以悬浮状态出现；悬浮状态的小水滴，在电场作用下极化并形成小桥，导致局部绝缘击穿。所以，击穿电压随含水量增加而降低。

（3）测试意义。变压器绝缘油中水分对绝缘油的电气性能、理化性能及用油设备的寿命都有影响，其危害性如下：降低矿物绝缘油品击穿电压；使介质损耗因数升高，使绝缘纤维容易老化，助长有机酸的腐蚀能力，加速对金属部件的腐蚀，促使油品老化并使绝缘性能下降。所以，控制和监督矿物绝缘油中水分对变压器等设备运行有重要意义。

3. 技术监督结论

（1）存在问题。变压器等设备密封不严，潮气侵入；配件装配质量问题（如干燥不彻底）；运行温度过高且设备长时间运行，导致固体绝缘老化，油质劣化。

（2）应采取的技术措施。提高变压器油电介质击穿强度的措施是减少油内杂质，主要技术方法是过滤，防潮，脱气。

（3）对变压器的运行维护方法为：检查密封胶囊有无破损，呼吸器吸附剂是否失效，潜油泵是否漏气；降低运行温度；采用真空滤油机过滤处理。

案例 6：变压器绝缘油介质损耗因素测试

1. 故障过程

油化验班对某 110kV 变电站变压器进行绝缘油介质损耗因数测试，发现一台变压器测试数据超出绝缘油介质损耗因数质量标准，进行原因分析，见表 5-12。

表 5-12　　　　　　　　绝缘油介质损耗因数/体积电阻率质量标准

电压等级（kV）	水分质量标准（mg/L）	质量标准		
		新绝缘油	投运前	状态检修例行试验
500～1000	介质损耗因数 $\tan\delta$（90℃）	≤0.002	≤0.005	≤0.002（500kV 及以上，注意值）
≤330		≤0.005（注入电气设备前）≤0.007（注入电气设备后）	≤0.010	≤0.04（330kV 及以上，注意值）
≥500 或≤330	体积电阻率（90℃，$\Omega \cdot m$）	不要求	≥6×10^{10}	≥1×10^{10} 56×10^9

2. 技术分析

（1）介质损耗因数。是指绝缘材料在交电场的作用下，由于介质电导和介质极化的滞后效应，在其内部引起能量损耗。介质损耗因数主要是反映油中因泄漏电流而引起的功率损失，介质损耗因数可用于判断变压器油的劣化与污染程度。对于新油而言，介质损耗因数只能反映出油中是否含有污染物质和极性杂质，而不能确定存在于油中的是何种极性物质。但当油氧化或过热而引起劣化，或混入其他杂质时，随着油中极性杂质或充电的胶体物质含量的增加，介质损耗因数也会随之增大，可高达 10％以上。

（2）相对介电常数。相对介电常数是表示绝缘能力特性的一系数。它是表征不同电解质在电场作用下极化程度的物理量其物理意义。其值由电介质的材料所决定，为金属极板间放入电介质后的电容量（或极板上的电荷量）相对于极板间为真空时的电荷量（或极板上的电荷量）的倍数。

（3）体积电阻率。在恒定电压（±500V）的作用下，介质传导电流的能力称为电导率，电导率的倒数则称为介质的电阻率。体积电阻率是指绝缘材料内的直流电场强度与稳态电流密度之比，可以看成是一个单位体积里的体积电阻。绝缘油的电导率表示在一定电压下，油在两电极间传导电流的能力。电导率越大，则传导电流的能力就越强。

（4）介质损耗因数、相对介电常数和体积电阻率是绝缘材料的三个重要指标。绝缘油介质损耗因数的测量作为一种有效手段，可判断油样的完好性，可以表明运行中油的脏污与劣化程度。存在缺陷的油样其他的电气和化学指标可能都在合格范围内，但通过油介质损耗试验仍可发现缺陷。油品的体积电阻率在某种程度上能反映出油的老化和受污染的程度，是鉴定油质的绝缘性能的重要指标之一。

3. 技术监督结论

运行中变压器油的介质损耗因数（90℃）超极限值：500kV 及以上，$\tan \delta > 0.020$；不大于 330kV，$\tan \delta > 0.040$。运行中变压器油的体积电阻率（90℃）超极限值：500kV 及以上，K1X10Ω・m；不大于 330kV pK5X10Ω・m。主要原因是：①油质老化程度较深；②油被杂质污染。③油中含有极性胶体物质。另外，在温室和高温（90℃）两个温度下测量介质损耗因数或电阻率时，常能获得有用的补充数据。如在 90℃ 下所测结果满意而在室温下所测结果不满意，则可指出油中有水分存在或在冷却时油中的劣化产物析出；若在两个温度下所测结果值都不满意，则指出油中可能污染程度严重，不可能使油恢复到满意的水平。此时应考虑对油进行吸附处理或者更换。采取措施如下：

（1）如果油质快速劣化，则应进行跟踪试验，必要时可通知设备制造商。

（2）检查击穿电压、酸值、水分、界面张力数据。

（3）查明污染物来源，并进行吸附过滤处理。无论新油还是运行中油，如介质损耗因数不合格。均可采用吸附剂处理。吸附剂有极性吸附剂、801 吸附剂、硅胶、白土等。其中极性吸附剂改善油的介质损耗因数的效果最好。如吸附剂为粉状的，可用接触法处理；如为粒状的，可用过滤法处理。

（4）考虑换油。

案例 7：变压器绝缘油酸值测试

1. 故障过程

某油化验班对某 220kV 变电站变压器进行绝缘油酸值例行测试时，发现一台运行中的变压器绝缘油酸值试验数据为 0.13mg（KOH）/g，超出运行中设备绝缘油酸值质量标准小于或等于 0.1mg（KOH）/g，进行原因分析、状态检修。

2. 技术分析

变压器油中酸值是油中存在酸性产物成分（低分子酸、环烷酸和脂肪酸）的一种量度。中和 1g 油样中酸性组分所需要的氢氧化钾的质量（mg）即为油样的酸值。试验原理：中和滴定法是采用沸腾乙醇抽出试油中的酸性成分，再用配制好的氢氧化钾乙醇浴液对加入指示剂的油样进行滴定。当达到中和滴定终点时，记录所需要氢氧化钾标准溶液的体积，然后换算成酸值，单位：mg KOH /g。

3. 测试意义

（1）根据酸值的大小，可判断油品中所含酸性物质的量。通常酸值越高，则油品中所含的酸性物质就越多，新油酸值是生产厂家出厂检验和用户验收油质好坏的重要指标之一。

（2）油在运行中由于氧、温度和其他条件的影响，会逐渐氧化而生成一系列氧化产物，其中危害较大的是酸性物质，主要是环烷酸、羟基酸等。一般运行中油的酸值越高，表明油的老化程度越深，因此酸值是运行中油老化程度的主要控制指标之一。

（3）绝缘油中含有各种酸类及酸性物质会提高油品的导电性，降低油的绝缘性能，还会对设备构件所用的材料有腐蚀作用。

4. 技术监督结论

运行中变压器油酸值超极限值大于 0.1mg KOH/g 的原因：超负荷运行加速油品劣化；抗氧化剂消耗，油品氧化加速；补错了油；油被污染。

应采取的措施：调查原因，增加试验次数；投入净油器；测定抗氧化剂含量并适当补加；变压器油劣化严重时可考虑再生。

案例 8：变压器绝缘油击穿电压测试

1. 故障过程

某油化验班对某 110kV 变电站变压器进行绝缘油击穿电压例行测试时，发现一台运行中的变压器绝缘油击穿电压试验数据为 32kV，低于运行中设备绝缘油击穿电压质量标准（≥35kV），进行原因分析、状态检修。

2. 技术分析

在规定的试验条件下绝缘体或试样发生击穿时的电压称为击穿电压。击穿电压除以施加电压的两个电极之间距离所得的商，称为介电强度。试验原理：将运行矿物绝缘油装入有一对电极的油杯中，将施加于绝缘油的电压以 2～3kV/s 的速度升高，当电压达到一定数值时，油的电阻突然下降至零，即电流瞬间突增，并伴随有火花或电弧的形式通过介质（油），此时称为油被"击穿"。油被击穿的临界电压，称为击穿电压，以千伏（kV）表示。

3. 测试意义

击穿电压的测定是一项常规试验，它用来检验绝缘油被水和其他悬浮物质物理污染的程度。它是衡量变压器油在电气设备内部能耐受电压而不被破坏的尺度，也就是检验变压器油性能好坏的主要手段之一。该试验可以判断油中是否存在水分、杂质和导电微粒。

4. 技术监督结论

（1）不同电压等级电气设备中，运行变压器油的击穿电压警戒值不同：对于 750kV 设备，其值小于 60kV；对于 500kV 设备，其值小于 50kV，对于 330kV 设备，其值小于 45kV；对于 220kV 设备，其值小于 40kV；对于 110（66）kV 设备，其值小于 35kV；对 35kV 设备，其值小于 30kV。当击穿电压低于警戒值，击穿电压超标是因为变压器油中水分含量过大或油中杂质颗粒污染。

（2）应采取措施：检查水分含量；对大型变电设备，可检测油中颗粒污染度；进行精密过滤或换油。

第六章　变压器继电保护技术监督

变压器是供电系统中十分重要的供电元件，变压器故障将对供电可靠性和电力系统的正常运行带来严重影响。所以，变压器运行应具备性能良好、工作可靠的继电保护装置。变压器继电保护技术监督是为了及时掌握变压器继电保护的运行状态，并根据其运行数据及运行特点，开展继电保护的巡视、定检试验、验收等运维管理工作。

继电保护装置能够反映变压器运行故障和异常运行状态，并使相关断路器跳闸或发出信号。由于天气、环境等不良因素，会发生变压器供电回路的短路、接地运行事故；由于人为管理失误等原因，会造成继电保护设备的误动、拒动等事故；特别是由于继电保护设备在设计、制造、安装、检修等环节存在的质量问题和缺陷，会造成继电保护设备的误动、拒动；这些各种技术问题应引起安全生产管理者的重视。为了预防变压器继电保护设备事故，变电二次检修专业人员应认真开展专业巡视，保护及测控装置常规定检、交直流设备例行试验，及时发现变压器继电保护设备运行缺陷。

第一节　变压器继电保护功能

1. 变压器继电保护类型

变压器的故障可以分为内部故障和外部故障。内部故障是箱壳内绕组、铁芯间发生的各类短路、接地故障（包括断线故障）。外部故障是箱壳外部的引出线间的各种短路、接地故障。变压器的异常运行工况主要有：过负载、油箱漏油、运行中油温过高、中性点过电压等。根据变压器发生的各类运行事故和异常运行状态，对变压器应装设下列保护。

（1）气体保护。针对变压器油箱内的各种故障及油面的降低，应装设气体保护。

（2）差动保护。针对变压器绕组、套管及引出线的短路故障，应装设差动保护。

（3）复合电压过电流、负序电流等保护。针对变压器区外引起的相间短路，应装设复合电压过流、负序电流等保护。

（4）零序电流保护。针对变压器中性点直接接地运行中，在变压器区外引起短路接地时，应装设零序电流保护。

（5）过负荷保护。当数台变压器运行时，应根据供电负载情况，装设过负荷保护。

2. 变压器继电保护的任务

（1）当变压器发生故障时，继电保护装置能迅速准确地给断路器发出跳闸命令，断开故障点，最大限度地减少对变压器的损害。

（2）及时反映变压器的异常运行状态发出信号，以便变电站值班员根据实际情况进行处理。

（3）对继电保护的基本要求：选择性、快速性、灵敏性、可靠性。

3. 变压器继电保护原理

（1）变压器继电保护原理包括：输入信号、测量部分（整定值）、逻辑部分、执行部分、输出信号。在执行继电保护任务过程中各功能承担的任务如下：测量部分从测量被保护对象输入的有关电气量，并与已给定的整定值进行比较，根据比较结果判断保护是否启动。逻辑部分根据测量部分输出量的大小、性质、输出逻辑状态，向断路器发出跳闸指令及信号，并具备记忆功能。执行部分根据逻辑部分输入的信号，完成保护装置所担负的任务。事故时跳闸，异常时发信号，正常时不动作。

（2）变压器差动保护的整定计算原则为：防止 TA 二次回路断线引起差动保护误动，可靠地躲开变压器区外故障时的不平衡电流，躲开变压器空载充电时的励磁涌流，变压器区内发生短路故障时迅速跳闸。

4. 查看变压器继电保护图纸的方法

（1）二次回路的逻辑性很强，绘制时遵循一定规律。看图的要领为：先交流、后直流，交流看线圈，直流看电源，抓住触点不放松。先上后下，先左后右，保护屏后的安装设备不遗漏。

（2）交流回路的标号是三位数，交流回路电流回路数字范围为 400～559，交流回路的电压回路数字范围为 600～799。其中个位数表示不同回路，十位数表示不同组数。例如：TA1 的 A 相回路标号是 A411～A419。TV2 的标号为 A621～A629。

（3）看图一定要配合展开图看，看图规律如下：直流母线和交流电压母线用粗线表示，以区别其他回路的联络线。继电器触点与电气元件之间的连线段都有回路标号。直流正极按奇数标号，直流负极按偶数标号。常用回路都有固定标号，如：断路器跳闸回路用 33，合闸回路用 3。

（4）学习保护原理、二次回路图，先学简单保护再到复杂保护，再到系统保护设备的深化学习。初学者会在胶着与领悟状态不断进步。凡事多问一个为什么，然后自己再想办法解决问题（包括请教同行前辈、查阅书本资料、进行装置试验等）。

第二节　变压器继电保护巡视与验收

一、变压器继电保护巡视

变压器继电保护巡视是变电二次运检专业技术排查的基础工作，是对变压器继电保护设备设计的额定指标进行的预防性安全检查，变压器继电保护巡视项目如下：

（1）变压器间隔所属 TA 的变比、容量、准确度符合设计要求。测试绕组间的极性关系，核对铭牌上的极性标识是否正确。检查备用绕组已短接并可靠接地，利用导通法检查 TA 二次回路的接线正确。

（2）变压器间隔所属 TV 的变比、容量、准确度符合设计要求。测试绕组间的极性关系，核对铭牌上的极性标识是否正确，检查 TV 中性点接地系统已可靠接地。检查二次回路的熔断器、自动空气开关质量良好及安装位置是否正确。二次绕组绝缘电阻值不小于 $10\text{M}\Omega$。

（3）变压器间隔所属断路器、隔离开关、接地开关操作回路的试验。分合闸回路的接线方式，断路器的防跳跃措施，辅助触点的容量，二次回路的液压、弹簧压力监视。检查相关二次回路的接线，端子箱及屏柜的加热器，二次回路的相间、对地的绝缘电阻大于 10MΩ。

（4）检查保护交流显示值及测控显示值，差流值和负荷电流值与实际状况符合。装置整定值与定值通知单一致。各功能开关、方式开关、空气开关、保护压板投退符合运行状态。装置的操作把手、压板、按钮、插头、端子排、电缆、熔断器等名称正确。保护屏柜上不参与正常运行的连片应取下，采取防止误投的措施。保护压板的位置应与运行要求相符。

（5）保护柜后二次线应无松动、接触不良或烧损迹象。红外成像重点检查保护屏、端子箱内的 TA、TV 二次回路接线端子、直流电源回路的端子是否发热。

（6）各保护柜（屏）面板无异常灯光或信号；直流电源插件上各电源指示灯应亮。

（7）变压器继电保护缺陷分为危急缺陷、严重缺陷和一般缺陷。发现继电保护及二次设备缺陷应及时记录、发现危急缺陷和严重缺陷应及时汇报调度，并采取技术监督措施，预控可能造成的运行风险。

二、变压器继电保护验收

凡是新建、扩建、大小修的变压器继电保护设备，必须按照规程规定的技术标准，经过验收合格后，手续完备方可投入运行。变压器继电保护验收项目如下：

（1）变压器继电保护校验后，应在现场记录填写工作内容、试验项目、是否合格结论。检查无误后变电站值班员签名。

（2）按照变压器继电保护定置通知单项目，核对定置数值设置，检查各连接片使用和信号是否正确。运行注意事项是交代清楚。设备铭牌标志应清楚，现场无遗留物品。

（3）变压器间隔所属 TA 的变比、容量、准确度符合设计要求。测试绕组间的极性关系，核对铭牌上的极性标识是否正确，检查 TV 中性点接地系统已可靠接地。检查二次回路的熔断器、自动空气开关质量良好及安装位置是否正确。

（4）气体继电器验收。必须有校验合格报告，安装气体继电器时，注意箭头应指向储油柜，探针应有红色标志。二次接线盒应加装防雨罩，但防雨罩不能阻挡巡视检查的视线。气体继电器连接的油管，向储油柜方向应有 2%～4% 的升高斜度。

（5）运行操作部件是否恢复到许可工作时的状态（连接片、小开关、电流端子等）。变压器间隔设备应在断开位置（断路器、隔离开关）。接线变动后应在相应的图纸上做相应的修改。

（6）用一次负载电流和工作电压进行验收试验，判断互感器极性、变比及其回路的正确性，判断方向、差动、距离、高频等保护装置有关元件及接线的正确性。

（7）二次电缆绝缘良好，设备标号齐全、正确。

（8）工作现场应做到工完料尽场地清，开挖的孔洞应封堵。二次电缆绝缘良好，标号齐全，正确。

（9）验收应交接的资料。工程竣工图，变更设计的证明文件，制造厂提供的产品说明书、合格证件及安装图纸，安装试验报告及工程验收报告，保护装置调整试验记录。

三、案例分析

案例 1： 低压侧保护压板未投，造成越级跳闸事故

1. 事故过程

某 110kV 变电站 10kV 间隔保护装置死机，在该间隔线路发生两相短路时保护装置拒动，变压器保护低后备保护动作，但 101 断路器未出口保护动作，高后备保护动作跳开 111 断路器，造成高后备保护误动。专业工程师对 1 号变压器保护装置状态专业评价，发现低压侧保护出口压板投退不符合当时运行状态，变压器保护跳 101 断路器的压板未投入。

2. 技术分析

（1）变压器保护低压侧出口压板未投入，该变压器所带 10kV 系统均失去近后备保护；

（2）该 10kV 间隔保护装置死机，未及时发现异常信号，该间隔应及时退出运行。

3. 技术监督结论

根据变压器保护装置的专业状态评价内容进行安全措施落实。

（1）核查变压器保护装置各功能开关、方式开关、空气开关、压板投退，是否符合当时运行状态。装置有关的操作把手、压板、按钮的名称、用途标示是否正确。

（2）核查插头、灯座、位置指示继电器、中央信号装置等部件回路中端子排、接线端子、熔断器等安装是否可靠。

（3）核查保护装置运行中信号报出情况，装置液晶面板显示不清楚。装置的插件运行状态，特别是电源插件运行年限是否符合运行要求。

案例2：线路侧压板未投，造成越级跳闸事故

1. 事故过程

某220kV变电站10kV 9号线路发生相间接地短路故障，该线路保护过流Ⅰ段动作，一段延时后断路器未跳闸。该变电站1号变压器A、B套保护装置的低后备保护跳闸，跳开1号变压器低压侧主进断路器和低压侧分段母联断路器。

2. 技术分析

（1）经现场查看，由于10kV 9号线路保护"跳闸出口硬压板"未投入，断路器未跳开，故障持续造成越级跳闸。

（2）经延时该1号变压器A、B套保护装置的低后备保护动作，进而相继跳开1号变压器低压侧主进断路器和低压侧分段母联断路器，及时切除故障点，但造成停电范围扩大的跳闸事故。

3. 技术监督结论

（1）变电站值班员未正确投入线路保护出口压板，导致越级跳闸事故。应通过现场培训和考核的方法，加强变电站值班员的技术能力培训。

（2）做好保护压板投退记录，变电站站长应定期进行保护回路的技术检查。

（3）技术监督聚焦内容：①保护装置的跳闸压板管理符合安全运行要求；②变电站值班员对保护装置的正常维护和保护压板的正确操作；③新建与扩建工程二次设备安装质量及设备投运的验收把关。

案例3：红外诊断发现变压器保护回路缺陷

1. 故障过程

（1）保护压板未紧固。某 220kV 变电站进行红外测温，发现变压器差动保护回路压板发热，根据温度来源判断，确定是压板未拧紧，及时采取紧固的补救措施，见图 6-1 和图 6-2。

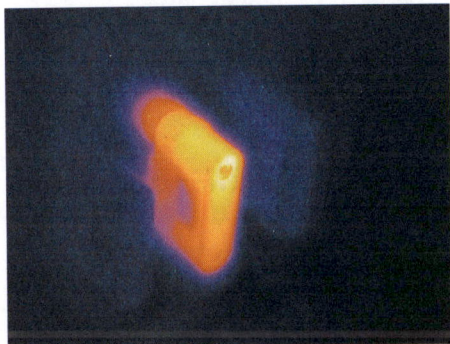

图 6-1　差动保护压板发热红外热像

图 6-2　差动保护压板操作可见光照片

（2）端子排的压板螺丝紧固。某 220kV 变电站进行红外测温，发现变压器保护屏内差动保护二次回路端子排接点发热，记录缺陷，后经变电二次运检班进行处理，属于端子排的压板螺丝紧固不到位，见图 6-3 和图 6-4。

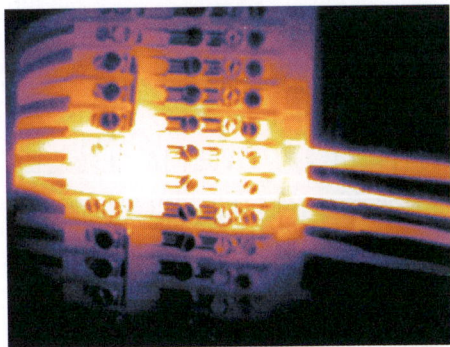

图 6-3　二次回路端子发热红外热像

图 6-4　变压器保护屏可见光照片

2. 技术分析

变压器间隔设备的 TA 二次回路发热是红外检测的重点，包括 TA 二次接线盒、端子箱接线端子排、微机保护屏等，TA 二次回路设备接线及互相联系布局方式，见图 6-5。

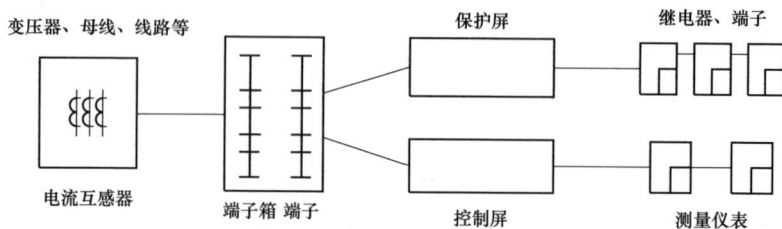

图 6-5 TA 二次回路设备接线示意图

3. 技术监督结论

（1）变压器二次回路红外测温，发现隐藏的二次回路及保护压板接触不良发热的问题，避免了日后可能引发的意外事故。

（2）变电站值班员应对微机保护所涉及的 TA 二次回路进行红外测温，长期运行的大负载设备应增加红外测温次数。

（3）新建、改扩建的电气设备在其带负荷后应对一、二次设备进行红外测温。

（4）应重点关注变电二次运检专业的管理内容：①防范保护误动、拒动、越级；②查找保护回路质量缺陷和设计缺陷；③注重各专业人员素质提高和业务联系配合。

第三节　变压器差动及后备保护检验

变压器差动保护的保护范围为变压器与各侧引线的 TA 之间的电气设备。用来保护变压器绕组内部及其引出线的相间短路故障，同时也可以保护变压器单相匝间短路故障。如果变压器在保护范围区内域发生短路故障，差动保护就可以瞬时快速动作。由于差动保护对保护区外故障不会动作，因此，不需要与保护区外后备保护在动作值和动作时限上配合。差动保护范围的外部故障时（线路或母线故障），变压器差动回路电流为零，所以变压器差动保护也不会动作。变压器差动保护检验，是为了证明差动保护定值与接线的正确性（有无二次电流差），以防止运行中变压器差动保护的误动和拒动。

变压器相间后备保护包括：复压闭锁过流保护、高压侧零序方向过流保护、高压侧间隙零序保护，在变压器保护序列里起着重要作用。变压器后备保护能弥补变压器主保护的保护死角，除了保护变压器本体及时切除故障以外，还反应变压器外部故障引起的绕组过电流故障。关键时延伸到区外的母线和分路保护拒动，及时判断与切除故障。比如：高压侧间隙零序保护可在线路发生断线时切除故障点。变压器后备保护检验、保护压板的投退、保护定值的设定，是一项重要而复杂的程序，所以应做好后备保护设备的状态评价和技术监督。

一、变压器间隔差动保护定检（以 PCS978 变压器保护为例）

1. 交流回路校验

此项试验的目的是，检验屏内的交流回路接线是否正确和装置的采样精度是否满足要求，分别通入交流电压、交流电流，检查装置的各 CPU 的采样和极性。

（1）零漂检查的试验方法：此项试验不需要向转置加入交流模拟量。测试交流电流回路的零漂时，对应的电流回路处于开路状态；测试交流电压回路的零漂时，对应的电压回路处于短路状态。合格判据：要求在几分钟内测得零漂值稳定在 0.011n 或 0.06V 以内。

（2）高压侧电流和电压模拟量检查。试验方法：用继电保护测试仪的"手动试验"或"电流电压"菜单，向保护装置通入对称正序的三相电流和电压，最后再通三相幅值不对称的电流电压。合格判据：进入"模拟量"菜单中"保护测量"或"启动测量"子菜单，液晶显示屏上显示的采样值应与实际加入量误差不大于 25%，相位差与测试仪输入的相位差误差不大于 ±3°。

2. 保护开入量检查试验

此项试验的目的是，检查变压器高压、中压、低压侧硬压板，主保护和后备保护压板，高压侧、中压侧失灵保护压板的投入和运行状态，并检查开入回路连线是否正确。

试验方法：改变屏上压板状态、用导线短接各开入端子和开入正电源或启动操作箱相应回路，检查各开入的变位情况。根据试验屏幕显示的进入菜单的"模拟量"（保护测量）→"状态量"→"输入量"→"接点输入"（自检与软压板的接点输入）所描述的信号值，判断各处的压板是否按照要求投入。比如：屏幕信号值显示为"1"时，表示压板已经投入；屏幕信号值显示为"0"时，表示压板未投入。变电二次运检班人员需要认真观察，仔细判断，做好试验记录，发现问题及时处理。

二、整组稳态比率差动保护试验及原理

1. 试验前准备

设备参数及保护定值。变压器容量 180MW，接线方式 $\curlyvee$-$\triangle$-11，变压器详细运行数据见表 6-1。差动启动电流定值 0.3I；二次谐波制动系数 0.15；"差动速断"置 1；"纵差保护"置 1："TA 断线闭锁差动保护"置"0"，见图 6-6。然后，在保护测量或启动测量菜单中的"差动测量"中查找"二次额定电流"，见图 6-7。

表 6-1 变压器详细运行数据

项目	高压侧（Ⅰ侧）	中压侧（Ⅱ侧）	低压侧（Ⅲ侧）
变压器容量	180MVA		
电压等级（一次电压）	220kV	115kV	10.5kV
接线方式	$\curlyvee$	$\curlyvee$	$\triangle$
各侧 TA 变比	1200/5	1250/5	12000/5
二次额定电流	1.97A	3.61A	4.12A
平衡系数	2.09	1.14	1.000

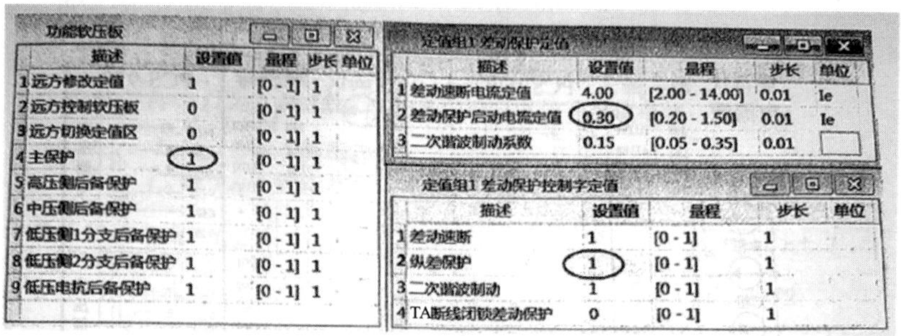

图 6-6 变压器差动保护试验前数据示意图

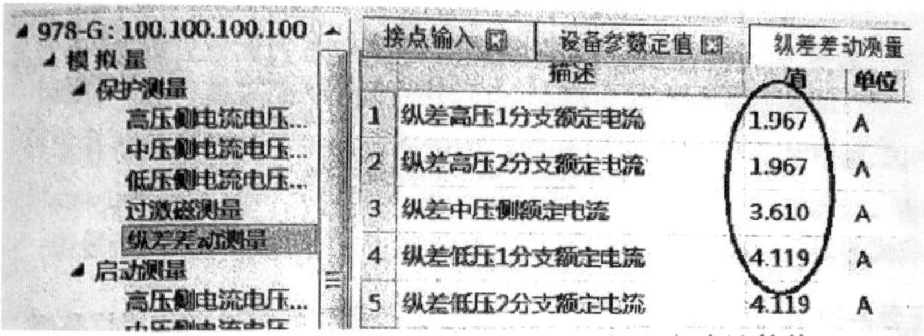

图 6-7 变压器差动二次额定电流计算值

2. 试验接线

以Ⅰ侧和Ⅲ侧（高、低压侧 1 分支）丫-△-11 接线试验为例：可以根据测试仪的电流输出数采用三相法或六相法试验接线，见图 6-8。

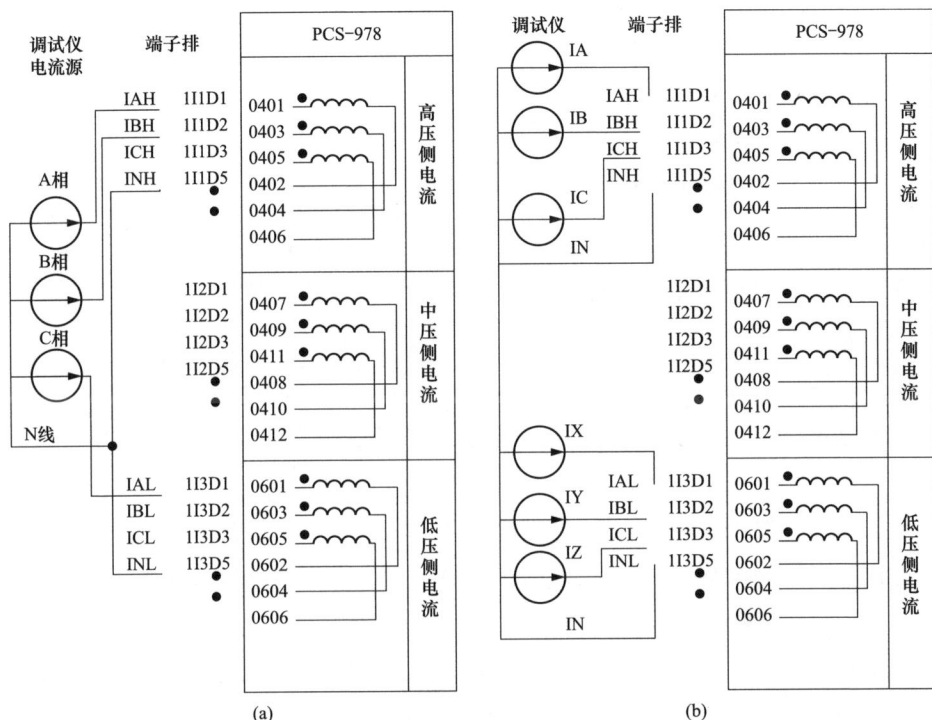

图 6-8　比率差动保护试验接线

（a）三相法试验接线；（b）六相法试验接线

3. 丫-△-11 相位调整方法

变压器各侧 TA 二次电流相位由软件自调整，进行幅值补偿与相位补偿，经软件调整后的电流称校正电流。只有差动相关各侧的校正电流，才能直接参与差动保护的差动电流和制动电流的运算。这里所说的相位补偿是针对一次主接线的 11 点接线或 1 点接线软件进行的补偿。幅值补偿是因差动各侧电流的 TA 变比，电压等级的不同，引起二次额定电流不同进行的调整。实际上幅值补偿是二次标幺值概念，即差动各侧的二次电流有名值除以本侧的二次额定电流。装置中某些定值，差流和制动电流以 I_e 为单位，实际上是二次电流标幺值。

4. 差动平衡试验

(1) 三相法接线差动平衡试验：调试仪设置 A 相电流 $I_A = k \times I_e1 = 1 \times 1.968 = 1.968$ 安培。所加 B 相电流和 A 相电流大小相等方向相反（一方面为了抵消零序电流，另一方面是为了补偿低压侧相位调整后产生的 B 相电流），调试仪 C 相电流 $I_C = k \times 5 \times 1e2 = 1 \times \sqrt{5} \times 4.12 = 7.14 \ /180°A$（$k$ 可取任意数值，这里取 1）。将设置量加进保护装置，保护装置 A 和 B 两相差流接近 $0.01I_e$，制动电流接近 $1I_e$。

(2) 六相法接线差动平衡试验（选做）：调试仪设置 A、B、C 大小相等正序相位的三相电流通入变压器高压侧三相及低压侧三相。低压侧各相电流滞后高压侧 150°。将设置量加进保护装置，保护装置三相差流接近 0.01°，制动电流接近 11°。

5. 比率差动制动系数校验

根据比率差动动作方程及动作特性，选用高压侧与低压侧进行试验。以三相法为例：先找平衡，将设置量加进保护装置，保护装置 A 与 B 两相差流接近 0，制动电流接近 $0.5I$。再找动作点：固定某侧电流，逐渐增加高压侧 AB 两相或增加低压侧单相电流，步长设置 0.1A，直到比率差动保护动作。

6. 二次谐波闭锁比率差动试验

谐波试验时，最好选择在变压器保护其中一侧的某一相基波上叠加二次谐波，例如：选择变压器高压侧 A 相作为试验相。

(1) 调试仪"谐波"试验菜单中 A 相基波电流设置为 4A 叠加的二次谐波电流为 0，加进保护装置，差动保护跳闸。

(2) 调试仪 A 相基波电流设置为 4A 叠加的二次谐波电流为 0.8A（大于 15%），加进保护装置。变压器差动保护不动作。基波电流不变，减小二次谐波电流幅值到近 0.6A 时差动跳闸（步长 0.01A）。

7. 三次谐波闭锁比率差动试验

谐波调试时选择差动某一侧某一相基波叠加三次谐波。例如：选择变压器高压侧 A 相作为调试相，见图 6-9。

(1) 调试仪 A 相电流设置为 $3\angle 0°A$，频率 50Hz，作为基波电流，加进保护，比率差动保护可靠动作。

(2) 同时在 B 相输出 $0.7\angle 0°A$，频率 150Hz，作为三次谐波电流，差动保

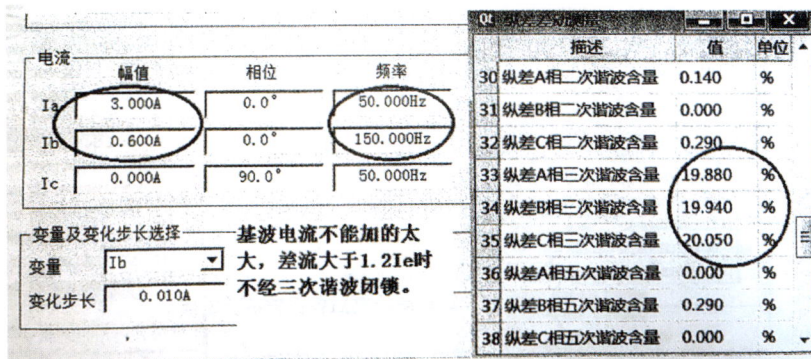

图 6-9　三次谐波闭锁比率差动试验

护不动作，变量选择 B 相电流，逐渐降低 B 相电流直至差动保护动作。如果实测动作值为 0.6A，则三次谐波闭锁值为 0.6/3＝0.2。

8. 差动速断保护试验

在高压侧加电流：例如，在高压侧 AB 相加 $I = I_{sd} \times 1.05 = 4 \times 1.96 \times 1.05 = 8.232A$ 的电流，差动速断保护可靠动作；加入 $I = I_{sd} \times 0.95 = 4 \times 1.96 \times 0.95 = 7.448A$ 的电流，差动速断保护可靠不动作。

9. TA 断线闭锁比率差动试验

试验接线采用六相法输出，在变压器高低压侧各加 $1 I_e$ 的三相电流，使之平衡无差流。撤掉其中任一相电流，"TA 断线闭锁差动保护"控制字置'0'，则差动保护动作；"TA 断线闭锁差动保护"控制字置'1'，则差动保护不动作。

三、变压器相间后备保护试验

1. 试验前准备（以高压侧复压闭锁过流保护为例）

（1）投入"高压侧后备保护"硬压板和"投高压侧电压"硬压板。

（2）按照规程要求设置试验定值。

（3）试验接线见图 6-10。

接线说明：试验仪的 A 相电流作为变压器高压侧的相电流，同时也是自产零序电流；B 相电流作为变压器高压侧的外接零序电流；C 相作为变压器高压侧的间隙零序电流。

151

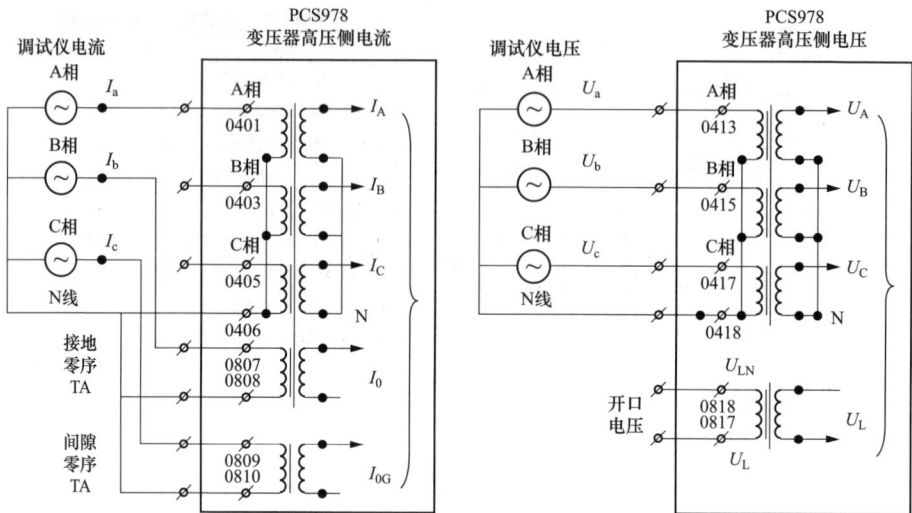

图 6-10　高压侧后备保护试验接线示意图

2. 过流 I 段定值校验

(1) 加任一相电流 5.25A（1.05 倍定值），过流保护动作。

(2) 加任一相电流 4.75A（0.95 倍定值），过流保护不动作。

3. 复压闭锁校验

(1) 低电压团锁定值：先加三相对称电压 44V，时间大于 10s（保证 TV 断线告警信号消失且复合电压闭锁元件不开放加三相故障），设置变量为 U_{abc}，步长 1V；等到报警灯熄灭后、加入单相电流 6A，保护不动作，降低三相电压至 70/1.732（40.4V 左右），过流保护动作，低电压元件满足。

(2) 负序电压闭锁定值：设置变量为 U_a，步长 1V，降低或增加单相电压 4×3＝12V 左右，过流保护动作，负序电压元件满足。注意：改变单相电压 1V 时负序电压升高 1/3，若测试仪有负序变量选项更方便。

4. 方向闭锁校验

当方向指向变压器，灵敏角为 45°；当方向指向系统，灵敏角为 225°。相间方向元件的动作特性见图 6-11，阴影区为动作区。

装置后备保护分别设有控制字"X 段指向母线"来控制过流保护各段的方向指向，整定为 0 时指向变压器，整定为 1 时指向母线。判方向所用电流为相电流、电压为正序电压。

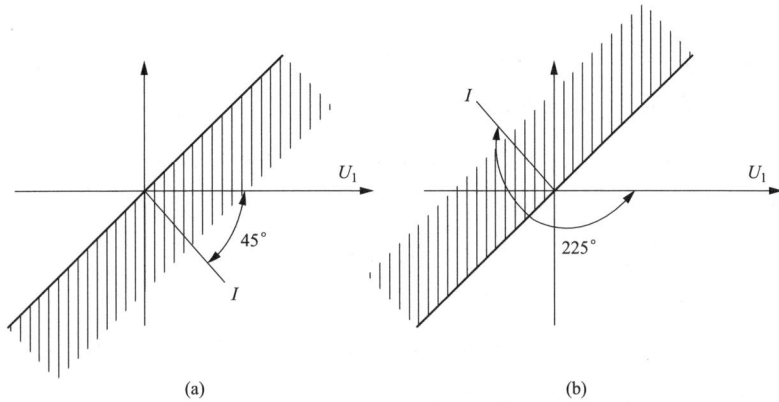

图 6-11　相间方向元件动作特性

(a) 方向指向变压器；(b) 方向指向系统

(1) 先加三相对称电压 33V，时间大于 10s（保证 TV 断线告警信号消失且复合电压闭锁元件开放），三相电流为 0，等到报警灯熄灭。

(2) 在 A 相加入 6A 电流，相位与 A 相电压反向（此时正序电压为 33V，相位 0°），过流保护不动作，改变电流相位与 A 相电压同向，过流保护动作。也可以通过设置 A 相电流相位为变量，逐渐改变电流相位从保护不动作到保护跳闸为止，校验过流保护经方向闭锁的动作区间。

5. 变压器接地后备保护试验（以高压侧零序方向过流保护为例）

(1) 试验前准备。

1) 投入"高压侧后备保护"硬压板和软压板及"投高压侧电压"硬压板。

2) 按照规程要求设置试验定值，先退出复压过流保护压板。

3) 试验接线同相间后备。

(2) 零序过流保护定值校验：在 B 相通入电流（零序过流 I 段定值的 1.05 倍），不加电压，保护动作；通入电流小于定值（0.95 倍），不加电压，保护不动作。

(3) 方向闭锁校验。当方向指向母线（系统），方向灵敏角为 75°；当方向指向变压器，方向灵敏角为 255°。方向元件的动作特性如下图所示。装置设有'×段指向母线'控制字来控制零序过流各段的方向指向，整定为 0 时指向变压器，整定为 1 时指向母线。判方向所用电流电压固定为自产零序电流和自产零序电压。

6. 变压器不接地后备保护试验

（1）试验前准备（以高压侧间隙零序保护为例）：

1）投入高压侧后备保护硬压板和软压板及投高压侧电压硬压板；

2）按照规程要求设置试验定值，先退出过流保护和零序过流保护。

（2）间隙过流保护定值校验。在 C 相通入电流 $0.5 \times 1.05 = 0.525A$，不加电压，高压侧间隙保护动作；通入电流 $0.5 \times 0.95 = 0.475A$，不加电压，高压侧间隙保护不动作。

注：间隙零序过流保护电流定值固定为一次值 100A。例如：间隙 TA 变比为 1000/5，一次值取 100A，则二次零序电流动作值为 0.5A。

（3）零序过电压保护定值校验。在 A 和 B 相通入大小相等方向相反的电压 91V，零序过电压保护动作；在 A 和 B 相通入大小相等方向相反的电压 89V（PCS978G 零序过电压保护定值固定为 180V），零序过电压保护不动作。注：①间隙过电压保护电压取外接时零压定值固定为 180V，取自产时零压定值固定为 120V，选取一种做试验即可。②大部分测试仪单相最大输出电压为 120V 或 125V，故校验 180V 定值时可以加相间电压。

四、案例分析

案例 1：变压器差动保护误整定事故

1. 事故经过

某 110kV 变压器差动保护装置双 CPU 设置，一为启动 CPU 设置在 MONI 板，另一为保护 CPU，要求两 CPU 启动定值设置一致，起到相互钳制的作用。某日该站变压器增容更换，需对保护启动定值进行修改，整定计算人员只修改了保护 CPU 定值，未修改 MONI 板 CPU 定值。当新变压器启动投运后，负荷电流超过了 MONI 板 CPU 启动定值，而保护 CPU 未到启动定值，保护装置报 A/D 故障，闭锁保护，虽经及时发现，未造成事故，但误整定的性质比较严重。这也属于一种被动式的误整定，因此，定期对所辖系统的保护定值进行核算非常必要。

2. 技术分析

（1）发生变化误整定的机理：一是整定计算人员的误整定；二是继电保护人员在设备上定值输入错误造成的误整定。

（2）保护控制字、跳闸矩阵等功能性运用错误造成的误整定。

（3）原理性运用失误造成的误整定。原理性运用错误导致的误整定主要是因为整定计算人员对保护原理、系统结构不熟悉，专业知识缺乏造成的。

（4）被动式误整定。系统发展，接线变化、短路容量变化，但未对相关保护定值进行核算、修改，造成保护不正确动作。

3. 技术监督结论

结合现场实际，提出相关定值整定注意事项。

（1）多 CPU 保护，有备用定值区时，在整定备用定值区同时，需对无备用定值区的 CPU 在相应的备用定值区内复制正常定值，以免在运行人员在切换定值区后，无备用定值区的 CPU 因读不到保护定值，而保护出错。

（2）对于有些定值单只出现一次定值，不应将一次定值直接输入保护装置。应避免惯性思维，正确区分一、二次定值。

（3）定值计算前很重要的一件工作是搜集资料。主要包括：①了解系统接线，确定系统运行方式；②确定 TA、TV 变比；③收集一次设备参数（包括实测参数）；④熟悉保护设备，掌握保护原理，整理定值清单；⑤了解其他特殊要求，如负荷性质、平行线互感等问题。

（4）继电保护人员在设备上定值输入错误造成的误整定保护人员设备上定值输入错误主要有：①看错数值；②看错位；③漏整定。究其原因，主要是工作不仔细，检查手段落后，因此现场必须认真操作，仔细核对，把握好利用整组传动检验定值这一关，才能避免出现错误。

案例 2：保护定值错误造成越级跳闸事故

1. 事故经过

2017 年某 110kV 变压器保护装置差动保护动作时间 17ms，某 10kV 间隔保护装置过流Ⅰ段保护动作，动作时间 20ms，故障电流一次值约 2400A，经现场巡视，变压器差动保护范围内无设备故障，可以判定变压器保护装置动作是由于该 10kV 间隔故障引起的。

2. 技术分析

（1）对变压器差动保护范围内设备进行高压试验，试验结果均合格。

（2）对变压器保护装置进行装置校验，装置逻辑正确。

（3）对变压器两侧 TA 进行伏安特性试验，发现变压器保护低压侧差动保护 TA 绕组级别为测量级（0.5S），不满足特性要求。

（4）对变压器两侧 TA 进行变比试验，变压器低压侧 TA 变比选用的2500/5 的变比，施工方提供为 2000/5 进行定值整定的。

3. 技术监督结论

（1）核对目前运行的变压器保护 TA 运行组别，确认是否满足 TA 饱和特性。

（2）核查运行变压器保护装置运行状态，确认保护装置差动电流是否在合适范围内，如超出，需核对保护装置各侧 TA 变比。

（3）核查变压器各侧 TA 的 N 接地位置，18 年前投运变压器时在设备区端子箱接地。根据规程规定应统一在变压器保护屏柜内接地。TA 二次的一点接地是独立的，并且只与一个电流元件有关。

案例 3：变压器差动保护误动事故

1. 事故经过

变电站 1 号变压器系 330kV 母线与 110kV 母线的联络变压器，两侧均有电源。变压器的差动保护，采用具有比率制动特性的晶体管差动保护装置。1992 年 10 月 4 日 22 时，该站 330kV 出线上发生故障，线路跳开后，重合闸动作，又发生了三相短路。此时，1 号变压器差动保护动作，断开了变压器。

2. 技术分析

（1）继电保护人员对保护装置及二次回路进行了试验检查，并在带负荷时进行了测量。检查结果表明，变压器 330kV 侧 C 相差动 TA 的极性接反。在1992 年 8 月 1 日，因下雨 1 号变压器 330kV 侧的 3311 断路器 C 相 TA 因闪络而损坏。更换 TA 后，因负荷太小而未测量各侧差动 TA 二次电流的相位关系，埋藏了隐患。

（2）差动保护运行技术细节注意事项。

1）正常运行情况下，为防止 TA 二次回路断线引起差动保护误动，保护装置的启动电流应大于变压器最大负荷电流。

2）躲开保护范围外部短路时的最大不平衡电流。

3）躲开变压器空载合闸时的励磁涌流，并应通过现场空载合闸试验加以验证。

4）对于经常发生的带负荷调整变压器分接头，所产生的不平衡电流的影响，应在差动保护整定值中予以技术考虑。

3. 技术监督结论

误动原因及教训很明显，区外故障差动保护误动的原因是 C 相差动 TA 的极性接错。对 C 相差动保护来说，区外故障相当于区内故障。保护专业人员应严格执行有关规程，差动保护正式投运时，必须先做差动回路 TA 的六角图，以确保差动回路 TA 接线正确。纵观差动保护误动原因，存在多方面技术因素、存在各专业的操作问题，应全面考虑，加强技术监督，综合管理。针对变电二次设备运维中各方面问题，回顾保护人员发生的事故案例，应采取的措施重点总结如下：

（1）技术因素。①变压器零差保护定值小，造成误动。②变压器 110kV 侧旁路转带主进断路器运行时，由于 110kV 侧差动 TA 是星形接线，220kV 侧差动 TA 是三角形接线，差动回路出现差流而造成误动。③变压器高压侧 TA 极性接反，变压器所带线路故障时，差动保护误动跳闸。

（2）人员因素。①变电站运行人员在进行旁母转带变压器时，未退出差动保护压板连片，在切换差动 TA 回路连片时，差动保护误动。②新建设备的施工人员失误。施工中电缆芯破损，造成导线与 TA 外壳接地，差动继电器产生差流而误动。反映出基建工程把关不严、验收不到位、试验不到位（未摇测绝缘）。

（3）继电保护及二次回路外观接线检查注意事项。

1）设备铭牌、额定电压与设计要求一致，插件型号及位置正确。

2）继电器二次回路及辅助 TA 清洁，无积尘、受潮。

3）装置固定牢固，背面连接线应牢固，无松脱，无虚焊。

4）插件应插拔自如，接触可靠，焊点光滑，无虚焊。

5）TA 二次回路的接地应连接牢固，接地良好。

6）根据原理图与施工图检查装置接线正确。同时应注意，各个直流电源的独立性，防止存寄生回路。

7）二次元件：接触器、继电器、辅助开关，限位开关、空气开关、切换开关等二次元件接触不良或切换不到位；控制回路的电阻、电容等零件损坏。

8）端子排及二次电缆：端子排有严重锈蚀。绝缘层有变色、老化或损坏等。

案例 4：端子排进水变压器跳闸事故

1. 事故经过

（1）机构箱门关闭不严端子排受潮。2015 年 5 月 8 日，某电力换流站在雨天开展检修工作期间，因隔离开关机构箱门关闭不严，端子排进水受潮，导致 500kV 的 5042 断路器三相跳闸。

（2）机构箱密封差端子排受潮。某 220kV 断路器连续三次在雨天、在系统无故障的情况下误跳闸，并造成合闸线圈烧坏。检查发现断路器操动机构箱信号回路 F701 接地（有放电痕迹）。万用表测量对地电阻 0.2MΩ。查找原因为机构箱密封差，下雨进水使端子排受潮。

2. 技术分析

（1）户外机构箱、端子箱的密封差，雨天潮气进去，晴天潮气不易出来。端子排、辅助触点的基座绝缘件的耐电耐潮性能变差，产生局部放电故障。多雨季节要强化变电站设备的防雨防汛管理。

（2）特别是变压器设备的非电量保护应防水、防震、防油渗漏、密封性良好；户外设备应加装防雨罩，本体及二次电缆进线 50mm 应被遮蔽，45°向下雨水不能直淋。

（3）电缆及绝缘部件被水分侵入后，会发生老化现象。主要是由于水分在电场的作用下，呈树状渗透引起的，在绝缘包裹的导体内及绝缘体外都有水分存在时，水更容易集积、渗透在绝缘部件和电缆内，所以，产生老化现象更严重。

3. 技术监督结论

（1）雨雾天气要重视设备巡视和设备维护及端子箱的缺陷处理。特别是户外端子箱、机构箱、电源箱、汇控柜等密封性检查（门扣上锁、高性能密封条）。

（2）开展针对高压室、继电器室、主控室、阀厅等房屋顶面、门窗防水情况全面检查，发现漏水、渗水现象的及时修复。

（3）进行户外仪器、表计等防雨罩的防雨效果检查，对防雨效果不好的立即进行更换。

（4）开展电缆沟、电缆穿管封堵检查，对积水或排水不畅的电缆沟进行排水疏导治理，对封堵不良的电缆穿管重新进行封堵，防止雨水沿穿管流入电缆沟。

（5）落实安全生产责任制，严防打开柜门巡视或检修工作后柜门关闭不严，造成雨水进入。

（6）结合变电站设备精益化评价，落实户外端子箱、机构箱、汇控柜、电缆沟的防雨、防汛措施和评价治理工作。

第四节　变压器继电保护故障分析及处理措施

一、变压器继电保护故障分析

继电保护正确动作率，除了受装置本身的工作原理和工艺质量等因素影响外，还取决于设计、安装、调试和运行维护人员的技术水平和职业素养。继电保护运行的经验教训告诉我们：应强化保护专业管理、技术人员训练、工作业绩考核。开展事故案例分析，总结保护校验和运行管理的经验教训，提高变电二次运检专业的技术操作水平，稳定保护专业的作业队伍。

1. 故障类型

（1）定值问题。技术人员计算错误，保护原理性、保护功能性运用错误即误整定。

（2）调试人员误碰保护装置，误操作。

（3）装置硬件问题。出现失去电源，温湿度不良造成元件老化、损坏。

（4）端子箱、保护屏二次接线维护不当，二次回路绝缘损坏。

（5）施工中技术人员误接线。

（6）保护软件版本原因，抗干扰能力差。

继电保护事故造成的后果严重，必须对继电保护事故的重要因素进行分析，在继电保护的管理和维护方面采取针对性的管控措施。

2. 继电保护拒动的后果

（1）短路电流的电弧使电力设备损坏。

（2）短路电流通过电力设备时，由于发热和电动力的作用，损坏电气设备或缩短它的使用寿命。

（3）使系统的局部电压降低，破坏用户稳定用电（特别是重要用户）和影响产品质量，造成不良社会影响。

（4）破坏电力系统并列运行的稳定性，引起系统振荡，甚至使整个系统瓦解。

二、继电保护事故处理原则

（1）理论与实际相结合，依据微机保护基本原理和现场经验进行事故分析和处理。必须查明保护拒动和误动原因，找出根源，采取针对性防范措施。

（2）正确利用二次系统设备的故障信息。保护装置面板信号灯和指示信息，跳闸信号继电器信息，保护装置事件记录和报文信息。

（3）正确利用一次设备信息。在无法区分到底是一次设备故障，还是二次设备误动时；最好的办法是一次、二次方面同时展开事故调查工作。对一次设备的检查、试验可以很快得出结论，可以在短时间内给保护人员提供有价值的信息。

（4）微机保护具有良好的事件记录和故障录波功能。事故调查首先应查看故障录波器显示的动作过程记录。变电站值班员和变电二次运检专业保护人员应加强故障录波器的运行维护。应掌握故障录波器的远传调取，格式转换；监控信息的远方查看，数据网信息的调取等，加快事故分析及事故处理速度。

（5）当保护误动时，使用逆序检查法对保护装置及二次回路进行检查。逆序检查法就是从事故的不正确结果出发，利用保护动作原理逻辑图一级一级向前找，当动作需要条件与实际条件不符时，该地方就是事故的根源所在。

（6）运用顺序检查法。按照外部检查、绝缘检查、逆变电流检查、开入量检查、开出量检查、定值检查、保护功能检查、保护特性检查等。顺序检查法应注意以下问题：将重点怀疑目标先检查，以便快速接近故障点，检查中拆线、接线可能导致故障点现象被破坏，注意装置实际数据与原始数据的对比，注意测试仪表、仪器的准确性和正确使用，避免不必要的误导。

三、继电保护反事故措施

继电保护反事故措施包括专业巡视、保护及测控装置常规定检、交直流设备例行试验、事故处理及故障分析等工作。继电保护装置正确动作率的高低，取决于设计、制造、安装、调试和运行各专业人员的技术水平和敬业精神。开展继电保护事故特点的研究，落实反事故措施是保护装置安全运行基本要求。

1. 变压器保护基本要求

（1）变压器保护应按双重化配置。两套保护之间不应有任何电气联系，当一套保护退出时不应影响另一套保护的运行。双重化配置的保护装置应在通道、失灵保护等交叉停用时，不会导致保护功能的缺失。两套保护装置的交流电流应分别取自 TA 互相独立的绕组，两套保护装置的交流电压应分别取自 TV 互相独立的绕组。两套保护装置的直流电源应取自不同蓄电池组供电的直流母线段。双重化配置每套保护装置应分别动作于断路器的一组跳闸线圈。双重化配置的两套保护装置应安装在各自保护柜内，能满足运行和检修时安全要求。

（2）继电保护装置整定与最新定值通知单一致，保护功能投入正确（查保护记录）。故障录波器接入的断路器位置、保护动作、收发信等开关量应齐全完整。

2. 变压器继电保护二次回路基本要求

（1）二次电缆的路径应尽可能离开高压母线、避雷器和避雷针的接地点、并联电容器等设备，避免和减少迂回，缩短二次电缆的长度，与运行设备无关的电缆应予拆除。交流和直流回路不应合用同一根电缆。强电和弱电回路不应合用一根电缆。保护用电缆与电力电缆不同层敷设。微机型继电保护装置所有二次回路的电缆均应使用屏蔽电缆。

（2）变压器本体安装的气体继电器、压力释放器等，应有良好的防水、防震、防油渗漏措施，密封完好。二次电缆应有防止雨水回流的回水弯。气体继电器至保护柜的电缆应直接或经变压器本体端子箱过渡后接入变压器保护。

（3）二次回路接地。保护装置之间、保护装置至开关场就地端子箱之间联系电缆以及高频收发信机的电缆屏蔽层应双端接地，使用截面面积不小于 4mm^2 多股铜质软导线可靠连接到等电位接地网的铜排上。由变压器、断路器、隔离开关、TA、TV 等设备至端子箱之间的二次电缆，应经金属管从一次设备的接线盒（箱）引至电缆沟，并将金属管的上端与设备的底座和金属外壳良好焊接，下端与主接地网良好焊接。

（4）直流电源。对于双重化配置的保护装置，每套保护装置应由不同的电源供电，并分别设有专用的直流熔断器或自动空气开关。变压器差动保护装置与每一断路器的操作回路应分别由专用的直流熔断器或自动空气开关供电。有两组跳闸线圈的断路器,其每一跳闸回路应分别由专用的直流熔断器或自动空气开关供电。直流电源总输出回路、直流分段母线的输出回路宜按逐级配合的原则设置熔断器,保护屏的直流电源进线应使用自动空气开关。继电保护直流系统运行中的电压纹波系数不应大于 2%,最低电压不低于额定电压的 85%,最高电压不高于额定电压的 110%。

四、案例分析

案例 1: 变压器保护越级跳闸事故

1. 事故经过

某变电站 2 号变压器所供 110kV 线路因导线对树枝放电,发生 A 相经大过渡电阻接地故障。该 110kV 线路零序保护三段跳闸,同时造成 2 号变压器 110kV 中性点零序过流 II 段动作跳闸,110kV 母线失压事故的系统接线及故障点位置,见图 6-12。

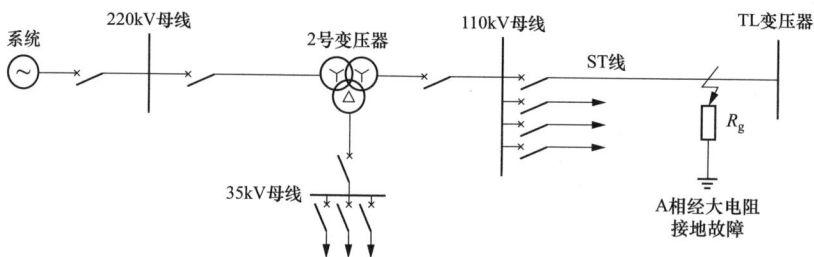

图 6-12 系统接线及故障示意图

2. 技术分析

(1) 110kV 线路的保护定值:II 段 1080A(一次电流值)、1s;III 段 264A(一次电流值)、2s。

(2) 2 号变压器 110kV 中性点零序过流 II 段 344A(一次电流值)2s。由于线路是大过渡电阻接地,故障电流缓慢增加,在故障起始阶段变压器零序保护达不到稳定动作值。当故障电流达到动作值后,并且变压器保护动作时间与线路保护整定值均为 2s,故两段保护同时跳闸。保护定值计算错误是造成本次事故的直接原因,零序等值网络图,见图 6-13。

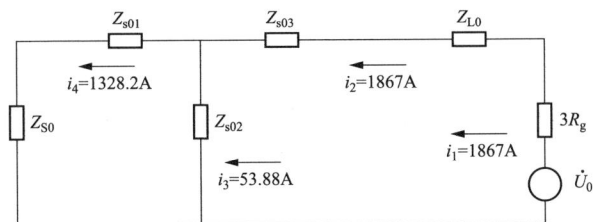

图 6-13 零序等值网络图

Z_{s0}—220kV 系统零序阻抗；Z_{s01}—变压器高压侧零序阻抗；Z_{s02}—变压器中压侧零序阻抗；

Z_{s03}—变压器低压侧零序阻抗；Z_{L0}—ST 线路零序阻抗；$3R_g$—故障点过敏电阻

3. 技术监督结论

（1）本次事故由于整定计算人员对变压器零序等值阻抗误解所致。应提高整定计算人员的技术水平，加强系统保护原理知识的培训，特别是对大电流接地系统的零序等值网络的特殊性，更应加强学习研讨。

（2）变压器后备保护应考虑与其他系统的配合问题，满足动作范围和动作时间上的配合关系。同时因为变压器运行方式不同，整定计算的方法也不同。如低压侧并列运行，中性点是否接地，是否有分段备自投等。变压器保护定值确定后，应经相关技术领导的审查、签字把关。

（3）正确利用一次设备信息去判断二次设备事故，对一次设备的检查、检测可以快速得出结论，给保护班人员提供有价值的信息。

（4）保护人员应从故障录波器快速、准确地调取数据信息，去伪存真，从复杂的现象中找到问题真正原因。

案例 2： 差动保护误整定故障分析

1. 事故经过

某 110kV 变压器差动保护装置双 CPU 设置，要求两个 CPU 启动定值一致，起到互相钳制的作用。后该变电站增容更换为新的变压器。这时需要对变压器的（两个 CPU 启动定值）保护启动定值进行修改，而整定人员只修改了"保护 CPU"定值，未修改 MONI 版 CPU 定值。当新变压器启动投运后，负载电流超过了 MONI 版 CPU 的启动定值，而"保护 CPU"未到启动定值，保护装置报 A/D 故障，闭锁保护。保护人员及时发现、判断分析进行处置，虽未造成变压器跳闸，但此次的误整定的性质比较严重，是一种被动式的误整定不良事件。

2. 技术分析

（1）变压器高压侧和低压侧的额定电流不同，为了保证差动保护的正确工作，必须准确选择两侧 TA 的变比，使得在正常运行和外部故障时两个二次电流相等，见图 6-14。

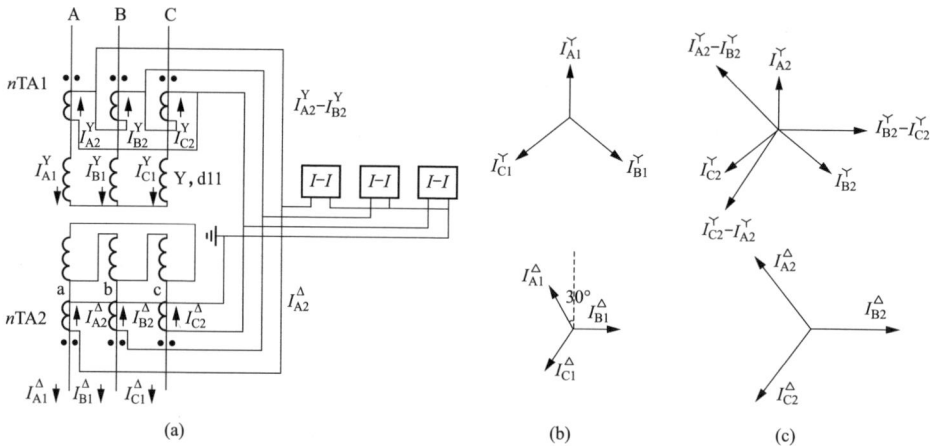

图 6-14　变压器纵差保护接线和矢量图

（图中电流方向对应正常工作情况）

（a）变压器及其纵差动保护的接线；（b）TA 一次侧电流矢量图

（c）纵差动回路两侧的电流矢量图

I_{A1}^Y、I_{B1}^Y、I_{C1}^Y—星形侧的一次电流；$I_{A1}^\triangle$、$I_{B1}^\triangle$、$I_{C1}^\triangle$—三角形侧的一次电流

（2）变压器纵差保护需要躲开流过差动回路的不平衡电流（空载投入和外部切除故障后的励磁涌流）。

（3）变压器带负荷调压当分接头改变时，就会产生一个不平衡电流流入差动回路，在差动保护整定值中应考虑该不平衡电流的影响。

（4）为了防止 TA 二次断线时引起差动保护误动，保护装置的启动电流应大于变压器的最大负荷电流。

3. 技术监督结论

（1）定期对所辖系统的保护定值进行核算非常必要，是防止被动式的误整定的有效手段。

（2）现场作业应认真阅读保护定值通知单，一旦发生装置整定项与定值清单项不符，应将定值单退还定值计算人员，以便修改为正确定值。

（3）定值单的 TA、TV 变比也是定值整定项目，现场应核对到位，特别是在技改扩建工程中更应注意该问题。该案例说明技术监督工作的范围应延伸到诸多隐形工作范围。

案例 3：变压器气体保护误动事故

1. 事故经过

（1）雨水进入气体继电器。某变电站 110kV 变压器气体保护动作，111 和 101 主进断路器跳闸，10kV 母线失压。经现场检查，发现气体继电器防雨罩未固定牢固，被大风吹落，雨水进入气体继电器二次回路，淹没接线端子造成保护误动，气体继电器结构见图 6-15。

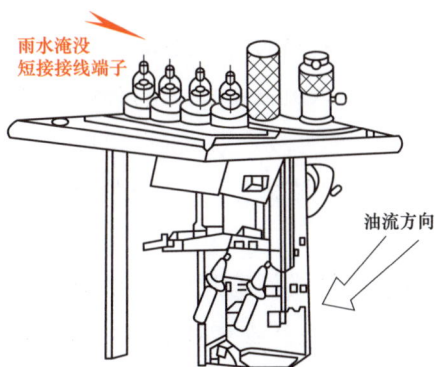

图 6-15　气体继电器结构示意图

（2）二次导线预留过长。某变电站 110kV 变压器气体保护动作，111 和 101 主进断路器跳闸。值班员现场检查，发现气体继电器接线盒内导线预留过长，造成接线盒扣不严，在特定风向的雨天，雨水进入接线盒内，跳闸触点因绝缘降低，跳闸回路导通而误跳闸。

2. 技术分析

（1）防雨罩安装不牢属于操作和管理问题，应从工作人员的责任心和班长的检查验收不到位，查找安全问题根源。

（2）安装工艺不良，缺乏到位的验收和定期检验，反映了电工的技术操作与多班组作业现场管理的双重质量管理问题。

3. 技术监督结论

（1）气体继电器是变压器的主保护元件，安装在变压器储油柜和油箱之间，在变压器内部故障时，大量气体推动"浮子"（开口杯）下降，接通跳闸回路，保护正确动作切除事故点。按照功能气体继电器可分为跳闸、信号、放气三个部分。电气盒内有接地端子和跳闸回路、信号回路的接线端子。端子盒盖可以掀起和下落密闭。新装变压器必须安装气体继电器防雨罩，并固定良好，验收合格。检修试验人员安装气体继电器的防雨罩位置，见图 6-16。

图 6-16　安装气体继电器
的防雨罩照片

（2）恶劣天气应进行特殊巡视，关注气体继电器防雨罩和室外端子箱、机构箱的门应关闭。

（3）加强安全教育，提高人员责任心，坚持施工完毕后，班长的全面检查制度。

案例 4： 变压器过电压（接地网失效）二次回路烧损事故

1. 事故经过

某 220kV 变电站 110kV 母线隔离开关 A 相绝缘子闪络接地，故障电流 11.6kA。绝缘子闪络故障期间变压器中性点电位升高，故障电流通过 110kV 中性点接地隔离开关入地。220kV 变压器差动保护正确动作，跳开变压器三侧断路器。由于变压器周围的接地网扁钢锈蚀，接地电流不能有效传入大地，使高电压窜入变压器周围端子箱的二次回路，继而烧损变压器端子箱、微机保护屏内的二次接线及二次设备。见图 6-17～图 6-20。

图 6-17　锈蚀的接地网扁钢照片

图 6-18　微机保护端子排烧损照片

图 6-19　过电压烧损的电缆内部导线照片

图 6-20　变压器端子箱烧损照片

2. 技术分析

（1）变压器周围接地网锈蚀严重，接地电阻大，使地电位升高。高电压无规则在变压器周围流散，击穿变压器间隔端子箱内的直流回路，接地电压经过烧损的端子排接线窜入变压器差动保护的电流回路，造成变压器间隔端子箱、微机保护屏的端子排、保护二次接线烧损。

（2）值班员配合保护人员进行故障排查，二次回路绝缘电阻低于 1MΩ（采用 500 绝缘电阻表测量），后发现变压器周围的接地网扁钢局部有锈蚀断裂。220kV 变压器中性点产生过电压时，接地网不能有效快速传递故障电流进入大地。

3. 技术监督结论

（1）新装接地网的截面和材质应符合设计要求，施工严格按照施工标准进行，并做好质量检测和验收工作。

（2）对运行年久的接地网定期检测，发现问题及时采取维修措施。

（3）《国网十八项电网重大反事故措施》（2018 年修订版）15.6.2.6 规定：为防止地网的大电流流经电缆屏蔽层，应在开关场二次电缆沟内沿二次电缆敷设截面面积不小于 $100mm^2$ 的专用铜排（缆）；专用铜排（缆）的一端在开关场的每个就地端子箱处与主地网相连，另一端保护室的电缆沟入口与主地网相连，铜排不要求与电缆支架绝缘。15.6.2.7 规定：接有二次电缆的开关场就地端子箱内（汇控柜、智能控制柜）应设有铜排（不要求与端子箱外壳绝缘）。一般设置在端子箱下部，通过截面面积不小于 $100mm^2$ 的铜缆与电缆沟内不小于的 $100mm^2$ 的专用铜排及变电站主地网相连。

案例 5：TA 二次开路二次电缆烧损事故

1. 事故经过

某集控变电站后台机发出警告音响，报出"2号变压器A屏TA断线告警"，值班员立即检查该保护屏，发现屏后右侧二次电缆打火严重。值班员汇报调度，通知变电二次运检班，检查其他设备未见异常。随即调度下令：退出2号变压器第一套差动保护。随着打火现象的持续发展，二次电缆处发现火苗，值班员用干粉灭火器将火苗扑灭。随后后台机报出110kV西母电压异常下降，汇报调度，更换110kV西母TV二次测量B相熔断器，两次熔断。值班员检查2号变压器微机保护屏内右侧电缆线有发热碳化现象，并伴有放电声音。110kV母线测量电压B相消失，现场检查二次熔断器熔断，更换后再次熔断，保护屏放电声音消失。检查发现2号变压器保护盘A盘右侧至高压侧电流互感器的二次电缆和2号变压器测控电压的二次电缆线绝缘外皮破坏，铜导体芯线裸露、胶皮碳化严重。变压器停运后拆除电缆检查，发现为2号变压器微机保护屏至222端子箱的二次电缆123A端子发热，烧坏附近测量电压电缆。为减少设备停电时间，现场对电缆损坏部分剪除，用1000V绝缘电阻表测量电缆芯线间绝缘及对屏蔽绝缘均大于100MΩ。两端对线检查无误后，恢复正常二次接线方式，并升流及变压器带负荷检查正常。

在对变电站其他设备电缆检查时发现，110kV母线差动保护屏内有一条110kV线路的二次电流回路的电缆A330芯线也出现绝缘胶皮鼓泡变形现象，屏内其他电缆均无异常。该线路的断路器端子箱对应的A330电缆芯线也存在绝缘胶皮软化变形情况。将断路器备用后，对电缆和回路进行检查，回路接线牢固正确，电缆芯线间及对屏蔽绝缘均大于100MΩ，用备用芯线代替A330芯线恢复电流回路接线，并升流及投运带负荷检查正常，母线差动保护正常投入运行。专家分析此类芯线烧损原因设想：该系统运行中110kV线路的一次负荷不大，二次开路不容易发现；如果110kV线路发生短路故障，电流激增，开路故障现象明显，造成导线绝缘烧损；保护动作快速切除线路故障，开路故障消失。

调度转移变电站负荷，将2号变压器停运、解除备用，保护班人员处理打火的二次电缆，110kV西母TV二次测量熔断器B相更换正常。后变压器恢复送电，带负荷检查正确，投入2号变压器第一套差动保护。

2. 技术分析

（1）异常情况分析。检查TA二次回路正常；TA二次电缆无断线、无开路现象。123A 电缆保护屏烧损部分检查无断线，铜芯有过热氧化现象。电压异常原因初步分析为：123A 电缆在分芯布线位置为发热点，热量积聚过多后绝缘碳化损坏，芯线间短时短路，造成保护装置采集电流异常，报出 TA 断线信号。与 123A 电缆一同绑扎固定的测控电压电缆绝缘被破坏，导致中压侧 B 相测量电压 B710 芯线对电流电缆放电，绝缘破坏，电压回路二次熔断器熔断。

（2）咨询省电力科学院专家，认为有以下原因：①电流回路在端子排出存在开路现象（端子氧化接触不良、电缆芯线接头氧化接触不良），在端子排处出现过电压，导致电缆芯线产生过热现象，热量向外传导出现芯线绝缘破坏。②电缆制造质量引起，电缆在制造、运输、安装过程，由于制造质量或外力原因造成电缆芯线内部缺陷，致使部分芯线接触电阻过大，引起电缆芯线局部发热，热量传导引起电缆绝缘破坏（需对故障电缆作定量分析）。③电缆绑扎过紧过密，积聚热量无法散出，导致局部异常发生。④该母线差动保护为去年定检，据定检人员回忆，当时电缆并无异常，翻阅母线差动保护历史报文，也无异常信息。⑤现场截取电缆过热芯线为 150cm，烧损过热部分超过 80cm，测量阻值与相同规格电缆截取芯线测量阻值偏大 13%。该电缆为 2000 年制造（铜芯为铜锭拉丝，更换铜锭后铜芯需要熔接或机械压接），由于存在制造质量缺陷（导线在运行中局部发生氧化锈蚀），在特殊运行状态下可能会导致发热，见图 6-21 和图 6-22。

图 6-21　电缆线绝缘外皮烧损照片　　图 6-22　电缆线氧化锈蚀发热照片

3. 技术监督结论

（1）建议对 2000 年到 2004 年安装使用的该型号电缆运行情况进行检查，

确认运行良好。旧电缆在改造中如不进行更换，建议进行电缆电阻测量（TA校验仪测量直阻精确度不高，过热芯线使用双臂电桥）。

（2）请专家继续对故障电缆进行分析，找出引起电缆绝缘破坏的直接原因。

（3）变电站值班员加强技术培训，熟悉设备运行原理，设备过负荷运行应进行特殊巡视。对老电缆及新投运的电缆及接线端子进行红外测温，变压器差动保护二次回路各关键部位是红外测温的重点，TA本体的二次端子接线盒的检查试验见图6-23，端子箱二次回路接线见图6-24。

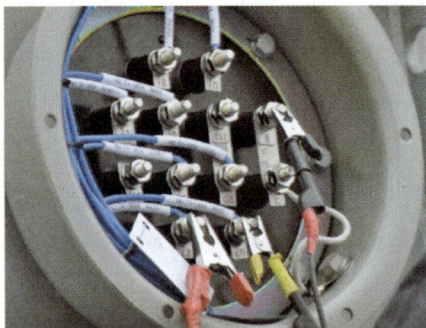

图 6-23　TA本体的二次端子接线盒　　图 6-24　端子箱二次接线（电缆沟处）照片

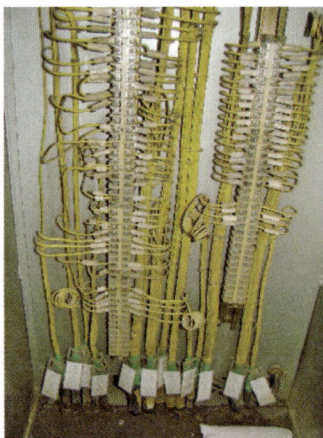

（4）TA二次回路开路故障判断方法。根据各种异常现象判断发现问题：①回路仪表指示异常降低或为零。如用于测量表计的电流回路开路，会使三相电流表指示不一致、功率表指示降低、计量表计（电能表）不转或转速缓慢。如果表计指示时有时无，可能是处于半开路（接触不良）状态。将有关的表计指示对照、比较，经分析可以发现故障。如变压器一、二次侧负荷指示相差较多，电流表指示相差太大（经换算，考虑变化后），可怀疑偏低的一侧有无开路故障。②TA本体有无噪声、振动等不均匀的异音。开路后磁通密度增加，硅钢片振动力很大，响声不均匀，产生较大的噪声。但如果负荷小，声音不明显。③TA本体有无严重发热，有无异味、变色、冒烟等。开路时磁饱和严重，铁芯过热，外壳温度升高（红外测温），内部绝缘受热有异味，严重时冒烟烧坏。此现象在负荷小时也不明显。④TA 二次回路端子、微机保护元件连接线端等有无放电、打火现象。此现象可在二次回路工作和巡视检查时发现。开路时 TA 二次产生高电压，可能使互感器二次线柱、二次回路元件、接线端子等处放电打火，严重时使绝缘击穿。⑤继电保护发生误动作或拒绝动作。此情况可在误跳闸后或越级跳闸事故发生后，检原因时发现并处理。⑥仪表、电能表、继电器等冒烟烧坏。不仅使 TA 二次开路，同时也会使 TV 二次回路短路（交流电压端子）。

（5）处理 TA 二次开路故障，应注意安全，应减少一次负荷电流，以降低二次回路的电压。应戴绝缘手套，穿绝缘靴，使用绝缘工具。根据二次图纸，认准接线位置，巡视检查设备应细听、细看，汇报调度，解除可能误动的保护。若 TA 严重损伤，应转移负荷，停电检查处理。

案例 6：故障录波仪判断故障性质

由于专用故障录波器在采样频率、前置滤波、启动方式等方面与保护装置存在较大的区别，因此保护装置的故障信息不能替代专用故障录波器的信息。电网事故分析时，故障录波器信息是事故分析的依据。譬如高压系统的暂态问题分析、谐波问题分析、振荡问题分析。因此，认真分析各类故障信息，去伪存真，是事故处理的要点。

1. 事故经过

某水电厂 12 号变压器高压套管对地闪络，除了变压器及其扩大单元的所有差动保护动作切除故障点外，该厂 2 号母线的一套母线差动保护及 500kV 线路的两套主保护均误动作跳闸。就地切机 4×125MW，远方切负荷 890MW，系统才恢复正常运行。水电厂电气主接线为一个半断路器接线方式，每条母线都配置有两套母线差动保护。水电厂 12 号变压器 A 相闪络接地对母线差动保护属于区外故障，可是 DMB-I 母线差动保护却误动作跳闸，切除 2 号母线上六个断路器，扩大为回线停电事故。误动原因是故障串的母线差动电流变换器插件插入后，故障相大电流端子没有完全顶开，形成电流分流而误动。正常运行时没有发现分流现象的原因是：因变压器 A 相发生闪络故障时，母线差动所在串的 TA 因分流作用，流过电流很小，可能监视、判断不出来误动作信号。从事故前系统潮流来看，流经 2 号母的潮流只有一次电流约 33A，电流互感器变比为 2500/1，折合到 TA 二次侧为 13mA。一般监视母线差动保护差电流均大

于 50mA。故障录波器电流、电压量示意图及故障录波器运行照片，见图 6-25
和图 6-26。

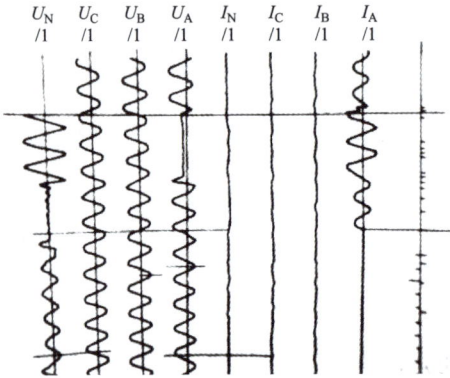

图 6-25　故障录波器电流、电压量示意图

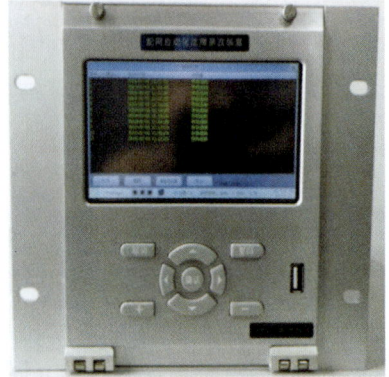

图 6-26　故障录波器运行照片

故障录波器在分析变压器故障点的位置、故障电流值、故障时间，及故障
所波及的供电线路的跳闸过程，都有清晰的数据支持。故障录波器对电网应急
体系监督的实用性：①根据记录波形，判断故障发生的地点、发展过程、故障
类型，迅速排除故障和制定防止对策。显示故障录波器的定位、定量、定时的
作用。②分析继电保护和断路器的动作情况，发现设备隐蔽性缺陷。此次，发
现母线差动保护误动，使大电流端没有完全顶开，引起电流分流造成误动，这
是端子的产品质量问题。③积累一手运行资料，加强对电力系统运行规律和特
点的认识。

2. 技术分析

（1）故障录波仪设计原理。故障录波仪是在电力系统故障时，能迅速、准
确、自动记录故障前后的各种电气量的变化，借助故障时的录波图、继电保护
装置和自动装置的动作情况，迅速找出故障点。

（2）完成电力系统故障动态过程记录的基本要求。记录系统大扰动，如短
路故障、系统故障、频率崩溃、电压崩溃等有关系统电参量的变化全过程及继
电保护动作数据。

（3）故障录波仪记录的故障动态量。依照系统发生大扰动的电参量幅度及
变化率为判据，反映系统动态过程的功能；也能由外部命令而进行启动和
停止。

（4）录波器工作原理。电力系统发生故障时，故障录波所实现模拟量、高频量、开关量的单元设计功能。

（5）故障录波器技术特点。采用了高速数字信号处理器、大规模可编程芯片、工控主机板同时完成数据记录存贮、录波分析、测距、通信、巡检、显示等功能。可记录电流、电压、高频、开关等的高速采样。

3. 技术监督结论

（1）变电站值班员按时完成故障录波器的运行维护和巡视检查。

（2）变电二次运检专业尽职尽责，加强故障录波器的程序操作与二次回路巡检（包括 TA 二次回路接线端子红外测温）。

（3）开展故障录波器的状态精细化评价，其中项目包括：继电保护装置信息、外观评价、运行状态、屏内接线等。给每个设备单元进行打分，以增加故障录波器运行的可靠性。

第七章 变压器状态检修及故障抢修技术监督

变压器状态检修与故障抢修在变压器全过程运行管理中，是一项技术含量高、工程运作率高、系统运行关注度高的重要工作。

变压器状态检修是变压器设备全过程管理的一个重要环节，它在变电站运维检修管理中占有重要地位。变压器状态检修是在设备巡视检查、预防性（例行）试验、诊断性试验的基础上，通过常规性分析、纵横比分析、显著性差异分析、设计功能确认，完成状态检修的基础数据储备，形成决策依据。变压器状态检修的目标就是，修复具有严重缺陷的设备和经历了不良工况设备的损伤部件，恢复变压器设备的设计功能指标，适应规定的额定值及供电运行环境。

在变压器运行故障期间，变电检修专业人员需要紧急行动；为了争取时间及弥补系统供电紧张的需求，故障抢修工程呈现工期要求紧迫和工艺水平高的特点。变电检修专业工程师（技师）在受作业条件限制和复杂工作环境，需要通过技术发挥和知识储备，融会贯通，依据规程要求进行损毁部件的修复更换，完成变压器应具备的运行条件。

变电检修专业人员根据变电站值班员提供的设备缺陷线索，参照变压器间隔设备一次系统图及设备说明书，进行状态检修、故障抢修的现场初勘，然后决定施工技术方法，进行施工材料、使用工具、机械设备的准备及工作现场安全措施的布置。施工过程应掌握变压器电气特性和运行机理，掌握导体、绝缘部件的物理特性和机械特性，掌握设备缺陷部位的施工特点，有计划、有步骤地开展状态检修与故障抢修工程。

第一节　变压器状态检修

一、状态检修分类及工作流程

状态检修工作分为五类：A类检修、B类检修、C类检修、D类检修、E类检修。其中A、B、C类是停电检修，D、E类是不停电检修。

（1）A类检修项目：吊罩，吊芯检查，本体油箱及内部部件的检查、改造、更换，返厂检修，相关试验。

（2）B类检修项目：油箱外部主要部件更换，套管或升高座、储油柜、调压开关、冷却系统、非电量保护装置的检修，绝缘油更换、现场干燥处理等。

（3）C类检修项目：按Q/GDW《输变电设备状态检修试验规程》规定进行试验，清扫、检查、维修。

（4）D类检修项目：带电测试（在线和离线），维修、保养，带电水冲洗，检修人员专业检查巡视，冷却系统部件更换（可带电进行时）其他不停电的部件更换处理工作。

（5）E类检修项目：油浸变压器（电抗器）无E类检修项目。

变压器状态检修在设备专业巡视和技术监督的数据分析基础上进行。依据《国网变压器全过程技术监督精益化管理实施细则》策划状态检修的方法步骤，全面部署变压器的状态检修工作。变压器的状态检修有三项重要内容：①状态的信息收集与管理；②状态划分与评价标准；③状态检修作业标准与管理策略。在此基础上以网格化的管理模式，实现变压器设备的状态检修绩效。

变电检修专业工程师需要重点掌握变压器套管、储油柜、有载调压开关、冷却装置、端子箱、主进线高压开关柜的状态检修要领。逐步形成计算机辅助分析系统为技术支撑，状态评估为手段的变压器等设备状态检修管理体系。运维检修部等管理层面应进行设备状态评价、重大事故分析、专题攻关、风险分析，进行变压器寿期及退役报废的评估，开展状态检修的有效性、经济性和安全性绩效评估，见图7-1。

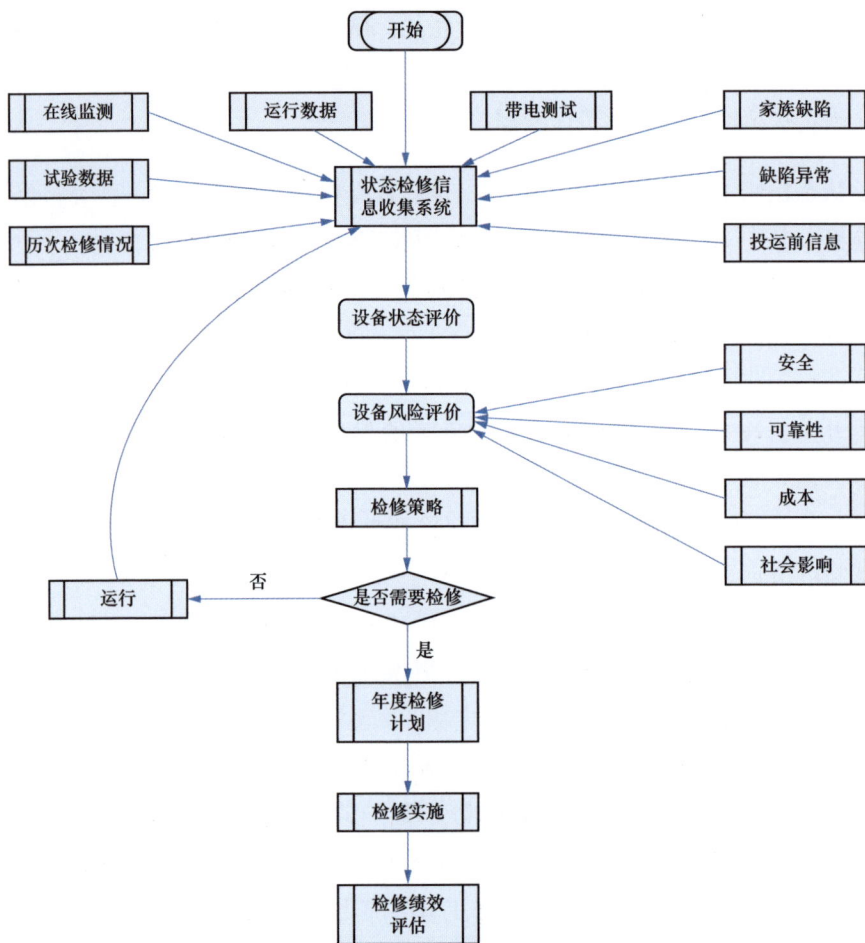

图 7-1　状态检修工作流程示意图

二、变压器状态检修特点

1. 变压器状态检修类别及策略

变压器状态检修类别及策略，见表 7-1。

表 7-1　　　　　　　　　　变压器状态检修类别及策略

名称	状态检修内容	设备检修分类	检修策略
定义	状态检修也称预知性维修，状态检修以设备实时运行状况数据为依据，进行有效率的工作。通过高科技状态检测手段，识别故障的早期征兆，对故障部位、故障严重程度及发展趋势作出判断，从而确定各部件的最佳维修时机	设备检修分为三类：状态检修、应急检修、现场检修。三类检修的主要区别在于计划性和非计划性与应急处置。检修后的修复设备参数指标，达到设计功能和原始状态的参数指标不一样。现场抢修是不可预料、被动的、不可逆转的紧急状态	状态检修策略。根据现场实际情况，变压器状态检修工作分为 A 类检修、B 类检修、C 类检修、D 类检修四类，编制变压器检修方案。其中 A（整体解体）、B（局部解体）、C 类（常规性检查）是停电检修，部件的解体检查、维修、更换和试验。D 类是不停电进行的带电测试、外观检查和维修
技术特点	状态检修为设备安全、稳定、长周期运行提供了可靠的技术保障。变压器设备状态检修策略以设备状态评价结果为基础，参考风险评估结果，充分考虑电网发展、技术进步等情况，对设备状态检修的必要性进行排序	应急检修，在非计划性停电环境下，对严重缺陷设备进行应急检修措施（如：隔离开关触头发热）。现场抢修。指设备因事故而遭受损失后，在现场采取的应急修复工作。与状态检修的区别在于工作的主动性和非主动性	变压器状态检修策略以设备状态评价结果为基础，参考风险评估结果，进行排序
解决问题	状态检修。在计划性停电环境下，进行设备全面检修，使设备运行指标达到设计功能和原始状态。设备运行管理始终处于规范的良性循环状态。降低维修次数，缩短维修时间；可以减少停电损失，节约维修成本，提高设备安全可靠性	因为设备存在严重缺陷，达不到规定的设计功能和抗力指标。通过检修使设备部分或全部恢复到规定的功能。设备运行管理处于无序的恶性循环状态。非计划停电、被迫停电，增加人力物力投资	建立三级技术监督网络，保持领导者、管理者、执行者的组织职能密切配合，技术监督数据处理链条清晰，与状态检修有机结合

2. 变压器状态检修设备巡视内容

（1）检查变压器套管、接头、引线或结合处应无松动、无过热现象（红外测温）；法兰应无生锈、裂纹；检查套管外表应清洁，无明显污垢，套管外部无破损裂纹；套管外绝缘应满足运行环境的污染区域等级要求，雨、雾天气无放电声响和火花；套管的油位油色的检查，套管内的油位应保持正常，各部无渗漏油。

（2）防爆装置检查。检查压力释放阀装置应密封，信号装置的导线完整无损。放油阀、压力释放阀法兰处无渗漏。冷却器的连接管、阀门、油泵、油流指示器等连接处无渗漏油。

（3）温度检查。变压器的温升在允许范围内，冷却系统的油泵、风机运行正常，散热器、冷却器散热效果良好；出风口和散热器无异物附着或严重积污；潜油泵无异常声响、振动，油流指示器指示正确；无散热器阀门未开，造成热油循环的散热器形成温差区障碍（红外测温）；巡视中记录油温、绕组温度，环境温度、负荷和冷却器开启组数。

（4）气体继电器内无气体，防雨罩完好。

（5）呼吸器油封应通畅，硅胶无变色；当2/3干燥剂受潮时应予更换；若干燥剂受潮速度异常，应检查密封，并取油样分析油中水分（仅对开放式）。

（6）接地线应无锈蚀现象，铁芯接地引线经小套管引出接地应完好。

（7）储油柜的油位计（油标管）监视油位的变化。红外测温可以发现储油柜缺油、假油位、储油柜内积水的冷热分界线。

（8）耳听法检查，连续均匀的"嗡嗡……"声，变压器运行声响无异常，无不均匀放电声、绝缘套管无放电痕迹，必要时测量变压器运行中声级。

（9）嗅觉方面检查，电源接线端子、套管、瓷管、绝缘子等发出的焦味、臭味。

（10）大风及雨雾天气端子箱门闭锁正常、密封良好，二次回路驱潮器正常投入。气体继电器的防雨罩安装正确、固定牢固。

3. 变压器状态检修数据流程及预警处置

依据《国网变压器全过程技术监督精益化管理实施细则》的要求，进行监督项目、关键项权重、监督要点、监督依据、监督要求、监督结果的统计管理。推行网格化的管理模式，实现变压器设备状态检修的标准化进程，见图7-2，状

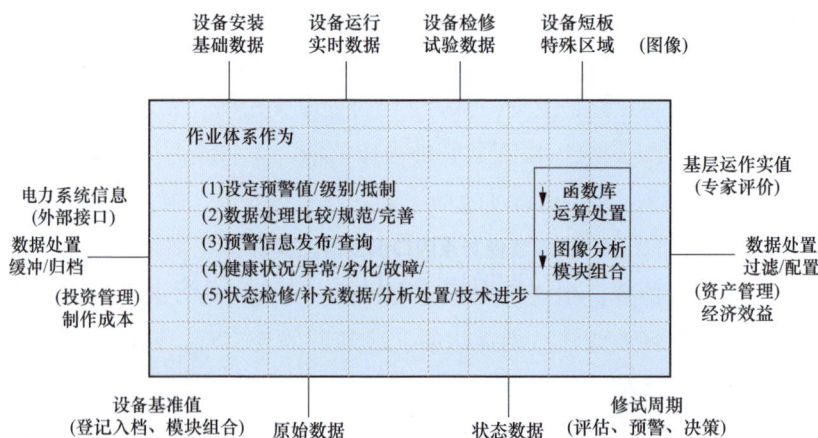

图 7-2　状态数据流程及预警处置示意图

态数据流程及预警处置示意图释意如下：

（1）供电公司建立三级技术监督网络，保持领导者、管理者、执行者的组织职能明确，设备运维数据处理链条清晰，与状态检修有机结合。

（2）设备运维状态信息，反映基层运作实际，并由专家进行评价。

（3）明确技术监督的作为体系，完成运算处置及图形分析。设置预警值、数据处理比较、发布预警信息、决定健康与劣化状况、完成状态检修。例如：某省电力公司《电网技术监督月报》的"变压器油中溶解气体浓度超注意值统计表"，连续六个月对某 500kV 变电站 1 号变压器油的甲烷、乙炔、氢气、总烃等数据进行过程分析，根据异常数据变化专家会诊，研判故障机理，决定状态检修最佳时间。形成了故障机理分析（定位、定性）的专家诊断系统和全省技术监督资源共享机制。充分发挥专家技术优势，树立专家技术监督的权威性、独立性、专业性，支撑公司层面技术监督工作的开展。

4. 变压器状态检修及人员素质

事实证明，实施状态检修成败的关键之一是人员素质问题，开展状态检修时，对于状态分析、故障诊断技术的立足点，应首先是高素质的技术人员。变电检修专业人员开展变压器状态检修，需要熟悉设备结构、零件测量方法、设备各部位的分解装配、部件互联装配方法、导体及绝缘材料的性能等，熟悉状态检修规程，熟悉变压器分解安装及试验内容，熟悉变压器的状态检修程序与作业内容。变电检修专业人员还要掌握设备的维修要点及技术操作规律，善于发现问题并综合评价设备的健康状况，不断优化状态检修的程序运作和工艺水平。

三、案例分析

案例 1： 变压器储油柜的状态检修

1. 故障过程

某变电站对变压器的例行检查中，发现 2 台同型号的 20000kVA/35kV 变压器的主体储油柜指针式油位计指示位置有差异。对照变压器铭牌上油温和油位的标准曲线后，发现 2 号变压器实际油位与标准曲线不符合。进行红外测温结果显示胶囊袋上下有不同温差层的现象。变压器的油色谱分析无异常。分析认为变压器本体储油柜内胶囊袋有破损。决定对该变压器进行状态检修工作。

2. 技术分析

储油柜是一个与变压器本体相连的储油容器，装设箱盖上部的位置。密封型储油柜包括胶囊式、隔膜式和波纹膨胀式储油柜。当变压器温度变化引起油体积变化时，储油柜油位也随之发生变化，对本体补充油和容纳上升油量。从而保证变压器油处于正常压力和充满状态。通过储油柜设计原理，减少了变压器油与空气的接触面，减缓了油的劣化程度。

3. 技术监督结论

（1）制定 B 类状态检修方案。准备好更换同型号的胶囊袋、指针式油位计及部分硅胶。变压器外部附件按检修规范进行检修。变压器非电量保护装置，如压力释放阀、气体继电器、温度计等装置进行校验。变压器外表面清洁、除锈补漆。

（2）将主体储油柜吊下拆卸后，发现胶囊袋有 1 处长度为 15mm 左右的破损裂缝，胶囊袋内有较多漏油，指针式油位计无异常。更换合格的胶囊袋和吸湿器，变压器投入运行后正常。

（3）后续做好变压器检修记录及测试报告，如实记载检修质量的形成过程和最终状态。

案例 2：变压器有载调压开关的状态检修

1. 事故过程

（1）安装调试失误。

1）开关安装错位。某 66kV 变电站 2 号变压器（SFZ7-16000/63 型）检修后恢复运行，变压器气体保护动作，差动、过流保护动作跳闸。事故原因：检修人员更换有载调压开关绝缘油及胶垫工作中，打开顶部齿轮机构时，未将开关放至初始的 9B 位置，而放在位置 5 上。安装后进行手动、电动试验，位置盘显示正确，之后，未进行直流电阻测试等电气试验。变压器投运时造成调压开关正、负触头烧损，C 相调压线圈烧损。

2）安装工艺不熟练。某 220kV 变电站 1 号变压器（OSFPSZ9-120000/220 型，有载调压开关为 ABB UCGRT650/500/Ⅱ型）正常运行中，调压开关由 2 挡调至 1 挡后，调压开关气体保护动作，跳开三侧断路器。经检查发现：安装人员在安装 A 相分接开关时，明显未安装到正确位置。分析原因：开关本身存在设计缺陷，加之安装人员对开关安装工艺不熟悉，且没有采用有效的检测方法。

3）调试不到位。某 1 号变压器（型号 SFPSZ1-120000/220），在 4 挡调至 5 挡后变压器差动、本体气体保护动作，三侧断路器跳闸，压力释放阀动作喷油。经检查：A 相有载调压切换开关单数工作触头有烧蚀痕迹，选择开关 A 相双数挡集电环正对 AK 静触头烧蚀约 60mm，K 静触头烧蚀约 15mm。该开关经厂家安装调试后投入运行（一个月），为开关质量和安装、调试等原因故障。

（2）值班员操作失误。

1）操作不到位。某变电站 SFPS7-120000/220 型变压器充电时，气体保护、差动保护动作变压器三侧断路器跳闸。B 相分接开关损坏、C 相线圈烧损。原因是：分接开关操作不到位，变压器冲击合闸时造成分接开关及调压线圈段间短路击穿。

2）操作方向不对。某变电站 SFZ-31500/110 型变压器有载调压开关，由于开关机械限位保护失灵，运行人员操作方向不正确，致使变压器分接开关和调压引线损坏。

（3）设计缺陷。

1）触头接触不良。某换流站极ⅠB 相换流变压器（国外 1986 年产品，224MVA/220kV）当分接开关由Ⅰ挡向上调整时，有载调压开关切换箱突然起火，变压器跳闸，调压开关和调压线圈损坏。经检查为有载调压开关（触头接触不良）本身设计有缺陷，导致运行中故障。

2）静触头脱落。某变电站 1 号变压器（1983 年产品，型号 SFPSZ1-120000/220）在 8 挡调向 7 挡，显示器即将变位时，变压器差动、气体保护动作，三侧断路器跳闸，压力释放阀动作喷油。经检查：A 相有载调压选择开关 2 挡静触头与双数挡集电环烧损严重；B 相切换开关双数挡上部过渡静触头脱落，快速机构脱扣。事故原因：设计结构不合理，过渡定触头未采取防松措施，多次切换后松动，最终导致开关损坏。

（4）机构故障。

1）开关动作次数超标。值班员到某 66kV 变电站巡视，发现 1 号变压器有载分接开关（1989 年"V"形开关）气体保护光字牌亮。现场检查变压器有载分接开关上部喷油，变压器一、二次开关在开位，调压开关气体保护动作，开关位置显示在 7～8 之间。对调压开关进行吊芯检查发现，B 相两个弧触头有严重划伤、磨损痕迹；B 相上、下金属隔板有三处电弧烧的深坑；静触头 "7" 和 "8" 的位置烧伤严重；其他相弧触头多个转动不灵活。分析原因：B 相右侧辅助弧触头转动不灵活引发故障，调到位置 "8" 静触头顶死，变成滑动摩擦后产生火花，使固定头两端对金属板放电，使瓦斯保护动作。经查阅档案，该开关动作超过 6000 次。

2）机构卡死拒动。某 110kV 变电站 2 号变压器（SSZ7-31500/110 型，1987 年产品）进行电压调整时，变压器气体保护动作跳闸。检查发现：由于该开关的选择开关机械卡死拒动，导致有载调压开关的选择开关烧损。

3）触头支架断裂。某 66kV 变电站 1 号变压器试验发现直流电阻不合格（A 相偏大），对有载调压开关进行吊芯检查，发现 A 相动触头支架断裂，导致接触不良。

4）曲柄轴销断裂。某 110kV 变电站变压器正常运行进行调压操作时，因曲柄轴销断裂，切换时动触头被卡，导致调压线圈烧伤，变压器停电。

2. 技术分析

（1）变压器有载调压开关各类事故暴露的问题，反映了设计、制造、技术、运维管理等方面存在的问题，这些问题也是技术监督的重点。

（2）操动机构及机械故障。包括切换开关拒动或切换不到位故障，分头选择器带负荷转换故障。操动机构机械故障时，如果切换开关在切换中途长时间停止在某一中间位置，会使过渡电阻因长期通电而过热，可能使切换开关瓦斯继电器动作，将造成变压器事故跳闸。

（3）绝缘故障。分接开关上部分接头的相间绝缘距离不够，绝缘材料上堆积油泥受潮，当发生过电压时，也将使分接开关相间发生短路故障。

3. 技术监督结论

（1）国家层面加大科技投入，开发大容量国产有载分接开关，不断提高加工精度和制造水平（过载能力和温度极限）。

（2）针对有载调压开关各类缺陷，加强各类技术监督，提高现场测试和远方监控能力，通过状态检修及时消除缺陷。

（3）加强有载分接开关的技术培训，掌握结构和原理，熟练操作能力，善于分析缺陷原因。

案例 3：变压器散热器的蝶阀状态检修

1. 故障过程

（1）同一变电站的老变压器缺陷。2006 年变电检修专业工程师与变电站值班员进行红外测温发现 110kV 1 号变压器西侧局部过热，高温区表面温度 64℃，内部绕组温度约为 80℃。正常情况下，变压器运行上层油温应高于中部和下部油温；而此时变压器下部温度与上层油温基本相同，见图 7-3。检查发现 1 号变压器风冷装置的 9 号冷却器蝶阀关闭不通。散热器上部温度为 61℃（正常散热器温度为 47℃），因蝶阀未打开，造成 9 号冷却器上部及下部温度差为 14℃，判定为严重缺陷。另外，还发现 2、3、7、9 号风扇因电源回路、机械部分障碍不能启动，因风扇故障不能正常散热，变压器的 9 组风扇其中有 4 组存在缺陷。

（2）同一变电站的新变压器缺陷。2021 年变电检修专业工程师与值班员对某 110kV 变电站进行红外测温，发现 1 号变压器 4 号冷却器红外热像异常，见图 7-4。4 号冷却器温度与环境温度相同（2℃），正常冷却器为 17.6℃。红外热像显示，变压器 4 号冷却器油流循环不正常。经检查发现 4 号冷却器阀门未打开，使该冷却器内无变压器油，不能起到应有的散热效果。

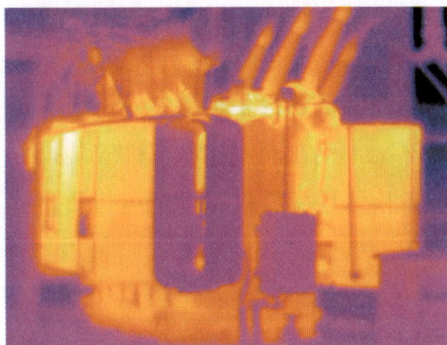

图 7-3　变压器 1 号冷却器红外热像　　图 7-4　变压器 4 号冷却器红外热像

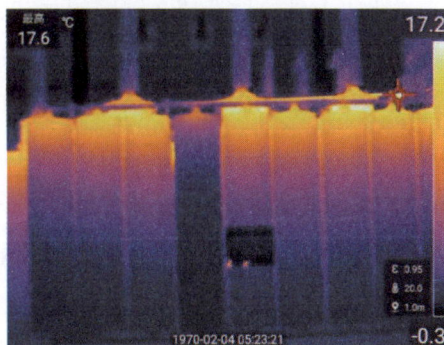

2. 技术分析

（1）变压器运行过程中，铁芯中有交变的磁场，该磁场在铁芯中会产生涡流损耗，大型变压器的铁芯发热量较大，为防止铁芯过热，可在铁芯叠片中设置冷却油道，冷却油道由绝缘材料制成。运行中大量油温的降低，通过变压器上部油温高于下部油温低的循环原理，通过风冷等技术手段循环进行散热。变压器温升分布曲线特点为上部油温高，下部油温低，变压器温升区域油流方向及散热效果，见图 7-5。随着高温油流与低温油流通过散热器的自然流动，经过冷却器将温度散发到空气里（含外壳），达到降温的效果。

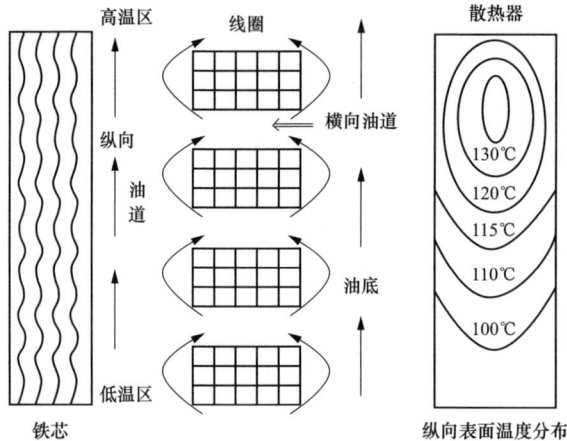

图 7-5　变压器温升区域油流方向及散热示意图

（2）变压器冷却器蝶阀未打开，是常见工程施工缺陷。主要原因是安装差错、验收不到位所造成。缺陷的存在将影响变压器的带负荷能力，长期温度升高而不能发现问题，将影响变压器的运行寿命。

（3）无论变压器是风扇风冷散热还是自然冷却散热技术，设备制造技术进步了；但人力安装技术还存在差距，出现了不同年代在同一设备部件安装操作的管理漏洞。这一事件反映出变电站一次设备检修现场管理与安全运行质量要求还有较大差距，值得管理者和操作者深思。

3. 技术监督结论

（1）停电后，打开该处冷却器的蝶阀，使变压器油进入该散热器，并注意观察变压器储油柜油位，防止油位降至标准以下，并注意做好散热片注油后的排气工作。

（2）新装或大修后变压器，按照标准化作业书的程序，细心验收散热器蝶阀部位。

（3）《国网十八项电网重大反事故措施》（2018 年修订版）9.3.3.41 规定：运行中的变压器的冷却器油回路或通向储油柜各阀门由关闭位置旋转至开启位

置时，以及当油位计的油面异常升高或呼吸系统有异常现象，需要打开放油或放气阀门时，均应先将变压器气体保护停用。例如：某 SFPSZ-120MVA/220kV 变压器，运行中本体气体保护频繁动作，外观检查发现 3、4 号潜油泵下部蝶阀处渗油严重。该变压器油色谱数据及预防性试验数据均正常。分析认为，由于强迫油循环变压器冷却系统的潜油泵存在负压区，当潜油泵发生渗漏油时，变压器内部压强不能保持大于或等于大气压强时，会发生内部进气现象。

第二节　变压器故障抢修

一、变压器故障抢修要点

变压器故障抢修是指变压器设备发生突发事故后，由变电检修、电气试验、变电二次运检专业等人员参加，遵循事故处理原则及状态检修规程，快速进行变压器间隔一、二次设备的事故处理，尽快恢复变压器及间隔设备供电功能的过程。变压器从安装投运到运行中失效而发生故障，是检验电力设备可靠性的一个客观过程；从变压器发生故障（处理缺陷），到状态检修作业完成恢复变压器设备功能状态，是检验检修专业人员技能和故障抢修效果的过程。变压器故障抢修的要点如下：

（1）变电检修专业人员应注重变压器设备的维护、调试、检修、故障排除。一次专业检修工程师（技师）需要掌握设备原理、结构特点，学习技术融会贯通；平时积累的电工知识与检修经验是开展故障抢修的基本功。

（2）变压器设备故障后，变电检修专业人员应迅速到位设备故障现场。变电检修专业工程师查找故障点，隔离故障点，根据故障性质、故障部位等布置检修工作。面对紧张复杂的事故现场，变电检修专业工程师（技师）应思路清晰，部署有序，具备故障抢修的应急处置能力。

（3）按照设备检修程序，变电检修专业工程师（技师）独立开展变压器间隔设备运行功能的研判，故障原因分析。完成故障设备的部件分解、更换装配、调整试验等具体工作，使故障设备达到设计标准的运行功能。

（4）故障抢修过程相关技术领导应到位，按照电网生产运行事件信息报送规定，及时报送相关信息，并立即组织相关部门分析故障原因。通过对故障专题分析，对故障定性评估提出预防措施。

（5）故障抢修全面考验供电公司运维检修的管理水平，需要变电站值班员与变电检修专业、变电二次运检专业人员的协同工作，听从调度值班员的调度命令。

（6）一次专业检修人员应做好检修记录，记录应包括持续时间、短路电流值、短路形式、短路原因、保护动作情况、处理方式等。

二、案例分析

案例1：变压器铁芯多点接地故障抢修

1. 故障过程

某35kV变压器（20000kVA）轻瓦斯动作频繁，每运行一周，气体继电器内就积聚约2/3容积的气体。变压器温升较正常时偏高，但电气试验未发现绝缘不良或受潮的现象。

2. 技术分析

经收集气体继电器中的气体，并进行变压器油色谱分析，色谱分析结果反映出 CH_4、C_2H_4 超标，总烃超标，C_2H_2 已接近注意值 $5\mu L/L$。但 CO、CO_2 增长不明显，说明故障点不是固体绝缘材料分解所致。集气袋里的气体易燃，更说明主变压器存在故障。采用三比值编码法判断，三比值编码组合为0、2、2，且有乙炔（C_2H_2）产生，说明变压器内部可能存在1000℃以上高温点。初步判断高温点属裸金属过热或接头接触不良，或铁芯多点接地环流发热。

3. 技术监督结论

（1）铁芯是变压器的导磁回路，它把两个独立的电路用磁场联系起来。电能由一次绕组转换为磁场能后经铁芯传递至二次绕组，在二次绕组中再转换为电能。铁芯所用的硅钢片是高导磁材料，铁芯及其金属结构件由于处在电场及磁场中。当铁芯两点接地时，交变电磁场中，两个接地点之间的铁芯片将有感应电动势（经大地形成回路产生电流）。当两点的电位差达到击穿局部绝缘时，便产生放电并导致局部发热，将固体绝缘局部破坏，严重时可烧毁接地片或铁芯。为了避免铁芯的感应放电现象，铁芯及其他金属结构件（夹件、绕组的金属压板等）必须一点接地。

（2）经吊芯检查，接线头及分接开关均接触良好，无过热现象。用2500V绝缘电阻表测铁芯对地绝缘（接地铜片已解）发现铁芯仍接地，经进一步遥测上下铁芯的夹件、穿芯螺杆、底部垫脚对铁芯的绝缘，发现底部垫脚对铁芯的绝缘电阻很低，引起铁芯两点接地，产生铁芯与外壳间的环流造成高温发热。更换绝缘垫脚，并用真空滤油机对变压器油脱水脱气处理。投运后运行正常。

案例2：变压器主进线高压开关柜故障抢修

1. 事故过程

（1）高压室漏雨造成绝缘子闪络。大雨后，某110kV变电站1号变压器的35kV主进线断路器跳闸。监控班看到跳闸事故信息，查看该变电站视频监控，发现高压室现场有火光和烟雾。现场检查事故原因：雨水通过高压室顶部的女儿墙裂纹，进入高压室的35kV主进线穿墙套管处，污水渗入高压开关柜内部，造成绝缘子闪络放电，见图7-6，并引发2面高压开关柜烧损。变电检修班、电气试验班

图7-6　高压开关柜绝缘子闪络放电照片

及变电二次运检班人员根据预案，进行事故抢修。

（2）消弧线圈缺陷造成开关柜烧毁。夏季高温天气，某110kV室内变电站10kV供电负载大。一条10kV线路突然发生接地故障，引起该开关柜局部放电，变压器跳闸。事故原因：10kV设备均采用电缆出线布置，20条电缆出线距离长，电容电流大（消弧线圈补偿的电容电流不能满足系统运行的补偿容量）。该10kV线路断路器拒跳，放电引起的弧光迅速向母线发展，引起高压室内多面高压开关柜烧损，见图7-7。消防人员、检修人员被烟雾有毒气体阻隔门外。工程师使

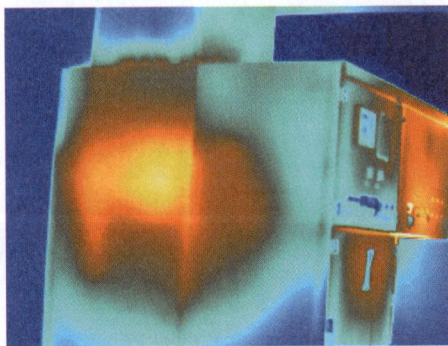

图7-7　高压开关柜内部短路事故红外热像

187

用红外热像仪，从高压室外门口看到高压室整体事故状态，并向抢修人员说明不得触摸高温的开关柜，禁止用水灭火。待设备全停电，做好安全措施后，才开始故障抢修工作。

2. 技术分析

（1）采用现场排查和红外热像的技术手段，查找故障点并找到引发事故的根源，并采取消除和预防措施。

（2）因为封闭式开关柜内部情况不明，高压室烟雾大、视线不明。故障点需要耐心查找，需要明确变压器间隔内设备的状态。判断可能发生的情况：一次设备回路接地短路故障，因漏雨造成的穿墙套管绝缘故障、小动物短路等。

3. 技术监督结论

（1）变电检修中心调集变电检修班、变电二次运检班等组织现场勘查。进行危险点分析，准备事故抢修的备品材料和工器具，并根据损毁的开关柜型号，尽快与厂家联系新开关柜。

（2）根据事故抢修方案，进行现场损毁的一、二次设备拆卸及电缆沟内电缆的清理，为新设备安装提供全部合格的施工条件。

（3）故障抢修时，开关柜着火现场，注意防烟雾中毒，人员互相监护，注意带电部位。操作隔离运行设备与检修设备。变电检修专业人员进行高压开关柜常见故障查找、分析及处理程序。

（4）按照高压开关柜的安装程序、试验及验收，按照标准化作业书进行事故抢修作业。高压开关柜、母线、二次回路、接地线、电缆终端安装质量标准及工艺按设计要求执行。开关柜安装后的调试。调整手车导轨，且应水平、平行，轨距应与轮距相配合，手车推拉应轻便灵活，无阻卡及碰撞现象；隔离静触头安装中心线应与动触头中心线一致；手车推入工作位置后，动触头与静触头接触紧密，间隙符合设计要求；结合操动机构的试验，检查手车在工作和试验位置的定位准确可靠。能正确进行电动合闸、分闸操作等。

（5）反事故措施重点是高压室安全设施的管理。如：防止高压室的屋顶漏雨，电缆沟的防鼠墙封堵到位。

（6）加强应急指挥，重视设备监控作用。各类安全细节的执行，如：雨雾天行车安全、绝缘靴、安全用具的正确使用。

第三节　变压器精细化状态评价

一、目标管理

1. 变压器精细化状态评价方法

变压器精细化评价方法是根据一、二次设备各状态参量，进行周期性状态评价，根据设备的运维记录和缺陷隐患排查以及家族性缺陷等状态参量情况进行调整。变压器精细化评价是设备精益化管理的重要组成部分。精细化评价的目的是建立设备隐患排查治理常态机制，推动各项制度标准和反措有效落实，为变压器状态检修、技术改造项目决策提供依据。变压器精细化评价方法如下：

（1）基于巡检及例行试验、诊断性试验、在线监测、带电检测、家族缺陷、不良工况等状态信息，包括其异常现象强度、差异量值大小以及发展趋势，结合与同类设备的比较，做出综合判断。

（2）全面监测设备运行状态，从不同角度发现设备部件的局部缺陷，根据设备设计原理分析缺陷原因，制定预控措施。

（3）依据精细化评价的结果，以发现设备缺陷为导向，综合考虑设备风险因素，动态制定设备的检修策略，合理安排检修计划和工作内容，使设备全过程质量管控全面加强。

2. 变压器精细化状态评价要点

（1）当变电站母线的运行电压不符合电压质量标准，且增加无功补偿设备无效果或不经济时，可选用有载调压变压器。

（2）220kV 及以下变压器的 6～35kV 中（低）压侧引线、户外母线接线端子应绝缘化；500kV、330kV 变压器的 35kV 套管至母线的引线应绝缘化。加强变压器低压侧开关柜管理，防止因过电压、接头发热、小动物危害等造成的高压室"火烧连营"事故。

（3）优先选用自然油循环风冷或自冷方式的变压器，新建或扩建变压器不宜采用水冷方式。

（4）新、改（扩）建输变电设备的外绝缘配置应以最新版污区分布图为基础，综合考虑附近的环境、气象、污秽发展和运行经验等因素确定。

（5）户外油浸式变压器之间设置防火墙时，防火墙的高度应高于变压器储油柜，防火墙的长度不应小于变压器贮油池两侧各 1m；防火墙与变压器散热器外廓距离不应小于 1m；防火墙应达到一级耐火等级。

（6）变压器本体油箱的箱沿若是焊接密封，则应采用可重复焊接法兰（重复次数不少于 3 次），并设有合适的垫圈及挡圈等，以防止密封垫被挤出或过量压缩和焊渣溅入油箱内部。

（7）不锈钢连接螺栓、油管连接波纹管、传动连杆及抱箍、本体油位计、压力释放阀、气体继电器、排油注氮继电器、油流速动继电器及压力突变继电器等外露附件的防雨罩和电缆槽盒等部件，应选用奥氏体不锈钢。变压器接线端子的材质含铜量不应低于 90％。变压器套管、升高座、带阀门的油管等法兰连接面跨接软铜线及铁芯、夹件接地引下线、纸包铜扁线、换位导线及组合导线，铜含量不应低 99.9％。

（8）引线制作和装配要求。引线支架及绝缘件配置检验合格，且实物无损伤、开裂和变形；引线连接要求焊接要有一定的搭接面积，焊面饱满，表面处理后无氧化皮、尖角毛刺；引线的屏蔽紧贴导线，包扎紧实，表面圆滑，屏蔽管的等电位线固定良好，连接牢靠，不受牵动；引线绝缘包扎要紧实，包厚符合图纸要求；引线排列和图纸相符，排列整齐，均匀美观；所有夹持有效，引线无松动；引线距离符合相互间的最小安全要求。

（9）电气类设备金属材料的选用应避免磁滞、涡流发热效应，套管支撑板等有特殊要求的部位，应使用非导磁材料或采取可靠措施避免形成闭合磁路。

（10）户外密闭箱体（控制、操作及检修电源箱等）应具有良好防腐性能，其户外密闭箱体的材质应为奥氏体不锈钢或耐蚀铝合金；防雨罩材质应为奥氏体不锈钢或耐蚀铝合金。

（11）对强迫油循环冷却系统的两个独立电源的自动切换装置，有关信号装置应齐全可靠。冷却系统电源应有三相电压监测，任一相故障失电时，应保证自动切换至备用电源供电。强迫油循环结构的潜油泵启动应逐台启用，延时间隔应在 30s 以上，以防止气体继电器误动。

（12）变压器满足下列技术条件之一，宜进行整体或局部报废：运行超过 20 年，抗短路能力严重不足，试验数据超标、内部存在危害绕组绝缘的局部过热或放电性故障；油中糠醛含量超过 4mg/L，纸绝缘非正常老化，无改造价值；线圈严重变形、绝缘严重老化等重要缺陷，同类型设备短路损坏率较高并判定为存在家族性缺陷；容量明显低于供电需求，不满足电网发展要求；设计水平低、技术落后的变压器，如铝线圈、薄绝缘等老旧变压器；套管出现严重渗漏、介质损耗值超过标准，套管内部存在严重过热或放电性缺陷；同类型套管多次发生严重事故，无法修复，可局部报废。

3. 变压器精细化状态评价实施

变压器精细化状态评价分为正常、注意、异常和严重四种状态。例如某变压器状态量评价要点：某变压器投运 25 年，该变压器厂 2005～2010 年改制期间出厂，因工艺问题曾返厂大修过，同批次产品五年内曾发生严重故障，冲击性负荷或曾经历短期急救负载，使用 ABB GOE 型套管，抗短路能力不足，未采取治理措施，色谱异常疑似存在内部缺陷，在线监测装置（油色谱在线等）数据错误或无法上传，定期检修超期，例行试验超期，带电检测超期等状态量异常。设备缺陷涉及每一个状态量会相应降档级，最终确定该变压器的状态量级别为严重状态，并采取相应处置措施。

变压器设备精细化评价，每年进行一次。由设备主管部门提交一、二次设备各状态参量，进行周期性状态评价。设备的状态评价分为定期评价和动态评价。定期评价在编制年度检修计划之前进行一次。动态评价在设备状态量（红外检测、高压试验等数据）及运行工况（系统短路冲击和过电压）发生异常时，新设备投运后；对具体设备有针对性地进行评价。

状态参量根据设备的运维记录和缺陷隐患排查以及家族性缺陷等情况进行调整。需要从不同角度发现设备部件的局部缺陷，根据设备设计原理分析缺陷原因，制定预控措施。依据设备状态评价的结果，综合考虑设备风险因素，动态制定变压器状态检修策略，合理安排状态检修计划。

状态信息的收集内容如下：①原始资料。包括铭牌参数、订货技术协议、设备监造报告、出厂试验报告、交接验收报告等。②运行资料。包括运行工况记录信息、历年缺陷及异常记录、巡检情况、不停电检测记录等。③检修资料。包括检修报告、有关反措执行情况、部件更换情况、设备检修记录。④其他资料。同型设备的运行、修试、缺陷和故障情况。

二、案例分析

案例1： 变压器寿期评估及退役报废

1. 故障过程

根据设备精细化状态评价方法，研究变压器全过程安全运行的规律性，对老旧运行变压器进行报废条件的评价。变压器进行报废的技术条件如下：运行超过20年，抗短路能力不足；试验数据超标、内部存在放电性故障；油中糠醛含量超过4mg/L，致使绝缘老化；线圈严重变形、绝缘严重老化；同类型变压器的短路损坏率较高并判定有家族性缺陷；容量不满足供电需求及电网发展要求；设计、技术落后的铝线圈、薄绝缘老旧变压器；套管严重渗漏、介质损耗值超过标准，套管内部有严重过热或放电性缺陷。

2. 技术分析

（1）变压器设备长期运行中，因部件的机械磨损、发热而使元器件变形、老化、损坏。

（2）因运行电压和环境污染的作用，变压器设备绝缘部分会出现污秽、破损、绝缘老化和局部放电。

（3）因运行电流的作用，变压器设备的导体及接头接触部分出现温度异常、电阻增大，局部过热的缺陷。

研究变压器运行状态寿期目标，关注运维等阶段变压器各部件的电气性能、金属监督、化学监督、绝缘油质量、保护控制等工程设计指标的参考值，见图7-8。

3. 技术监督结论

（1）根据变压器运行轨迹，综合分析，研究规律，建立深层次的技术监督专家诊断系统。

（2）以知识储备、数据计算、逻辑推理、经验总结，充分检验变压器的运行状态。技术监督数据对变压器退役、报废具有重要参考价值。设备寿命与设备运行工龄中出现的异常变化有密切关系，见图7-9。

（3）根据缺陷分布情况，采取预防故障的运维措施，加强变压器运行管理。变电设备缺陷应按章处理，并及时向上级主管部门反馈信息。发生故障后未能及时反馈信息，将导致家族式缺陷的不良影响的蔓延，导致后续针对供应

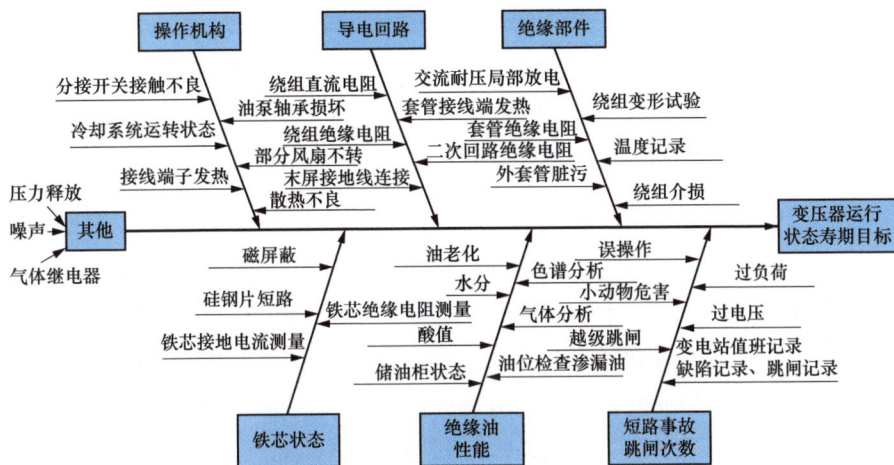

图 7-8 变压器运行状态寿期目标示意图

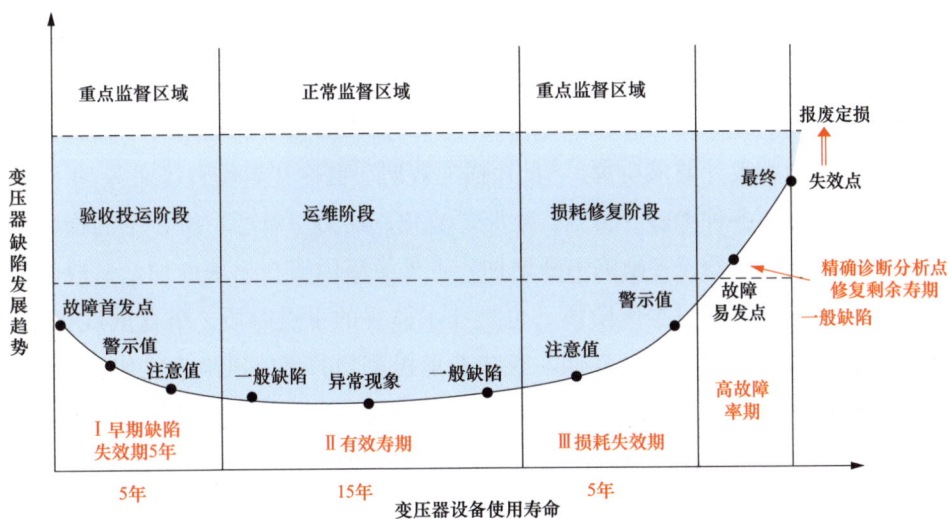

图 7-9 变压器运行寿期浴盆曲线示意图

商的不良行为处罚的证据不足。例如：某变压器间隔的 110kV 断路器触头接触不良（危急缺陷），造成变压器被迫停运检修。原因是螺栓穿孔的设计差错，使固定导电杆的螺栓松动，造成导电杆运行中心偏移，属于制造厂家的设计制造缺陷。该变电站发现危急缺陷后只对本供电公司范围内的 11 台断路器，进行缺陷处理。因为安全敏感原因，没有通知省内其他市供电公司，随后，在其他供电公司又相继发生同类断路器触头接触不良产生的故障。

（4）变压器运行寿期浴盆曲线。以此图研究变压器全过程安全运行的规律性，见图 7-9。浴盆曲线反映了设备运行维护与抵抗故障之间的客观规律，缺陷与故障发生的点位所连接的曲线形似一个浴盆，说明了设备缺陷量及故障率与有效运行时间的比例关系。浴盆曲线原理提示：需要实时关注变压器各项运行指标，特别是变压器从正常状态到注意状态、异常状态、严重状态的转化过程，掌控变压器运行状态的发展趋势。需要掌握设备运行状态及各项技术数据，为全过程技术监督和状态检修决策提供参考信息。

变压器整个寿命期间，在额定电流、电压范围执行运行任务，或遭受意外短路、过电压事故冲击。变压器的导电回路、绝缘部件、操动机构、铁芯部件、绝缘油等会偏离设计标准，出现各种异常及缺陷。故障发生的次数和缺陷存在数量与变压器运行寿命密切相关。浴盆曲线图解释意："Ⅰ早期缺陷失效期"新运行的变压器在调试阶段，缺陷会逐渐暴露出来，是技术监督的重点时段；"Ⅱ有效寿期"是变压器的稳定运行工作时期，期间是缺陷值和失效率趋于常数的稳定阶段。应坚持预防性试验和多种技术监督手段相结合，保证变压器的技术抗力和设计要求质量。"Ⅲ耗损失效期"也称"老化失效期"，年久运行的变压器经历各种考验（雷电、短路、氧化、压力、温度）所产生的损耗老化状态显现，变压器设备缺陷不断增加，意外故障因素在显著增加，是故障易发区域，逐渐进入退役报废阶段，也是技术监督的重点时段。浴盆曲线提示，对变压器设备盲目延长有效寿期，意味着承担重大的事故风险。比如：《国网十八项电网重大反事故措施》9.2.3.2 强调，对运行超过 20 年的薄绝缘、铝绕组变压器，不再对本体进行改造性大修，也不应进行迁移安装，应加强技术监督工作并安排更换。

（5）老旧设备的状态检修。老旧设备是指接近其运行寿命的设备或运行表明存在较多缺陷的设备。经验表明电力设备的缺陷发生一般遵循浴盆曲线，即在设备投运的初期和寿命终了期是缺陷发生概率较高的时期，这也比较符合我们的运行经验。因此，对于接近其运行寿命的变压器规定为 20 年，也可根据情况酌情调整，制定检修策略时应偏保守。一般推荐的做法是，即使该类设备评价为正常状态，其检修周期在正常周期的基础上也不宜延长，而评价为注意状态的设备，其检修周期应缩短。

案例 2：变压器运行阶段渗漏油缺陷技术监督（金属监督）

1. 故障过程

（1）焊缝周边存在气孔。某 220kV 变压器套管下部箱体局部渗油，停电检修时发现一处焊缝裂纹，用放大镜观看发现焊缝周边存在气孔。

（2）焊缝有夹渣。某 110kV 变压器箱体下部渗油，检查发现焊缝多处有裂纹，用放大镜观看焊缝表面状态，有夹渣现象。

（3）焊缝衬垫没有贴紧。某 35kV 变压器散热器的上部渗油，检查发现散热器箱体焊接面的衬垫没有贴紧，产生咬边。

（4）套管法兰有砂眼。某 220kV 变电站 1 号变压器 66kV 侧 B 相套管（型号为 BRDLW-110/1250）将军帽渗漏油严重，经检查发现套管法兰下部有砂眼。渗漏油原因：由于变压器本体储油柜油位高于套管油位，本体油通过铸件砂眼进入套管，当套管油升至最高位时，形成正压，使套管油从最薄弱的将军帽处渗出。

2. 技术分析

（1）气孔产生的原因。焊剂受潮、焊剂覆盖量不够，空气容易侵入熔池；焊剂覆盖量太大，熔池中气体逸出后无法排出；坡口及其附近表面或焊丝表面有油污；焊接电流偏大，存在磁偏吹现象；电源极性不正确。

（2）产生裂纹的原因。材料结构刚度大，焊丝中含碳量和含硫量过高，工件材料、焊丝及焊剂配合不当，焊缝成形系数太小；焊接速度太快，焊接区冷却过快，引起热影响区硬化；多层焊第一道焊缝截面过小，焊接顺序不合理。

（3）夹渣的产生原因。前一层焊缝清渣不彻底，熔渣超前；焊丝未居中；电流过小，焊剂残留在两层焊缝之间；对接焊时，接口间隙过大，造成焊剂流入电弧前的间隙；盖面焊接时电压太高，使游离的焊剂卷入焊道。

（4）咬边产生的原因。衬垫没有贴紧工作，间隙过大；焊接电流过大；平角焊时焊丝偏向底板；船形焊时，焊丝偏离焊缝中心，电源极性不正确。

3. 技术监督结论

（1）防止产生气孔的措施。用砂轮认真清理坡口附近表面，并用火焰烘烤除油；用化学试剂清理焊丝表面；将焊剂在 280℃ 左右烘干 1h，除去焊剂中的水分；选用合适直径的软管，使焊剂输送量适当；采用交流电源选用大小合适的焊接电流。

（2）防止产生裂纹的措施。采用焊前预热和焊后缓冷的方法，并适当降低焊接速度；选用化学成分与被焊接物相应的焊丝，并与工件材料、焊剂相配合；改进坡口形状和尺寸，调整焊接参数，增大焊缝成形系数；合理安排焊接顺序。

（3）防止产生夹渣的措施。每道焊缝都要彻底清渣；减小工件倾斜角度并加快焊速；注意焊丝对中；加大焊接电流，使焊剂熔化干净；保证接口间隙均匀并小于 0.8mm；盖面焊接时控制电压不要太高。

（4）防止产生咬边的措施。使衬垫与工件表面紧贴并消除间隙；选用合适的焊接电流；平角焊接时使焊丝偏向立板；船形焊接时焊丝对准中心线。

案例 3：新装变压器缺陷闭环管理

1. 故障过程

某供电公司运维检修部及建设部重视变压器运行的技术监督，组织变电检修专业工程师及有关技术人员进行精细化状态评价。从土建阶段开始到设备安装阶段、竣工验收阶段，发现许多设备缺陷，进行闭环管理，为变压器提供良好的运行环境。

（1）土建阶段：发现进入控制保护室的电缆沟未做防水墙等缺陷；违反了《国网变压器全过程技术监督精益化管理实施细则》8.1.5 规定的有防水要求的电缆应有纵向和径向阻水措施。

（2）设备安装阶段：①发现变压器高压侧套管设备线夹紧固螺栓不是 8.8 级螺栓缺陷；违反了《国网变压器全过程技术监督精益化管理实施细则》中 5.2.1，紧固件螺栓应采用铜质螺栓或奥氏体不锈钢螺栓；导电回路应采用 8.8 级热浸镀锌螺栓。②变压器气体继电器未配备防雨罩，违反了《国网变压器全过程技术监督精益化管理实施细则》中 6.1.3，气体继电器应在真空注油完毕后再安装；新安装的气体继电器、压力释放阀、温度计应经校验合格后方可使用；户外布置变压器的气体继电器、油流速动继电器、温度计、油位表应加装防雨罩。

（3）竣工验收阶段：①发现变压器低压侧套管 C 相套管护套盒脱落，违反《国网变压器全过程技术监督精益化管理实施细则》1.1.5，220kV 及以下变压器的 6～35kV 中（低）压侧引线、户外母线（不含架空软导线型式）及接线端子应绝缘化。②发现 2 号站用变有载开关室和站用变中地缺少五防锁，违反了

《国网变压器全过程技术监督精益化管理实施细则》2.1.2，站用变压器的高、低压套管侧或者变压器靠维护门的一侧宜加设网状遮拦，网门应有五防闭锁，变压器储油柜宜布置在维护入口侧。

2. 技术分析

(1) 例如：某 110kV 变电站新建工程，规划建设 50MVA 变压器 3 台，110kV 出线 4 回，10kV 出线 30 回，每台变压器 10kV 侧装设 2 组并联电容器组。本期建设 50MVA 变压器 1 台，采用单母线接线，安装 14 台断路器。变电站位于 d 级污秽区，户外电气设备外绝缘按 d 级上限配置。110kV、10kV 设备短路电流水平分别按 40kA、40kA/31.5kA 选择。变压器采用三相双绕组有载调压自然油循环自冷变压器户外布置，110kV 配电装置采用 HGIS 设备户外布置，10kV 配电装置采用金属铠装移开式开关柜户内布置，10kV 电容器组采用框架式户外布置。3 台变压器联网构成一个庞大的供电体系，各电压等级设备在设定的程序下，完成自备的设计功能，需要技术监督为之服务并提供数据支撑。

(2) 新建变电站从土建阶段到设备安装阶段到竣工验收阶段，技术监督工作始终伴随工程的进展而发挥作用。需要施工单位、监理单位、建设部、运维检修部、变电运维中心、变电检修中心的密切配合，及时发现存在的问题，消除变压器的运行隐患。

3. 技术监督结论

(1) 电缆沟未做防水墙等缺陷、设备线夹紧固螺栓缺陷、变压器气体继电器未配备防雨罩缺陷、C 相套管护套盒脱落缺陷、站用变中地缺少五防锁缺陷经过施工单位处理，监理工程师检验后，已经消除缺陷。

(2) 认真执行工程建设项目的合同书各项条款。建设部、运维检修部、设计单位、监理单位、施工单位、质监单位、运行单位各司其职，各尽所能，说实话、办实事、求实效，质量提升效果显著。

(3) 及时完成对进场设备、材料的检测，实现杜绝设备、材料的"带病投产""带病入网"的目标。根据技术监督数据得出结论：某 110kV 输变电工程符合技术监督相关要求，具备投产条件。

案例 4：变压器间隔端子箱缺陷处理

1. 故障过程

冬季大风天气，变电检修专业工程师与变电站值班员联合对某 220kV 变电站设备进行精细化状态评价，发现如下问题：110kV设备区一端子箱门闭锁连片错位，门未闭锁；220kV设备区一端子箱，门轴锈蚀，开关时有抗力关闭不严；110kV设备区某断路器机构箱密封不严，造成机构箱内部进尘土、进潮气；220kV设备区1号变压器端子箱内驱潮加热器回路端子接触不良发热（有焦煳味）。

2. 技术分析

（1）端子箱门未关闭，可引起端子排表面污秽，雨雾天气可能造成直流接地或短路事故；

（2）端子箱内部二次接线端子发热可能造成操动机构的供电回路中断或接头烧损。

3. 技术监督结论

（1）变压器的端子箱设计应合理，端子箱应能防晒、防雨、防潮，并有足够的空间，端子箱防护等级应满足设计要求。

（2）应重视端子箱、机构箱的巡视检查，包括：红外测温、电缆孔洞封堵、胶条密封、门轴上油、加热驱潮装置、设备标识等运行维护措施的落实。

（3）设备精细化状态评价，不可忽视对端子箱等室外二次设备的技术监督，评价每年不少于一次。

参 考 文 献

［1］国家电网公司运维检修部. 电网设备状态检测技术应用-典型案例（2011—2013）. 北京：中国电力出版社，2014.

［2］马晓娟. 电力油务员现场作业指导及应用. 北京：中国电力出版社，2016.

［3］陈化钢. 电力设备预防性试验方法及诊断技术. 北京：中国电力出版社，2001.

［4］陈天祥. 电气试验. 2 版. 北京：中国电力出版社，2008.

［5］胡红光. 电力设备红外诊断技术与应用. 北京：中国电力出版社，2015.

［6］胡红光. 绝缘子防污闪红外诊断技术. 北京：中国电力出版社，2017.

［7］薛峰. 电网继电保护事故处理及案例分析. 北京：中国电力出版社，2012.

［8］国网人力资源部. 变压器检修. 北京：中国电力出版社，2010.

［9］国网运维检修部. 电网设备带电检测技术. 北京：中国电力出版社，2014.

［10］北京电力供应分公司，等. 电力变压器监造手册. 北京：中国电力出版社，2013.